publication PN°1
Bibliothek der Provinz

Traum der Tiefe

1

Fotos
Bernhard Kittel

Text
Dr. Wolfgang Hasenberger

Traum der Tiefe

Fotos
Bernahrd Kittel

Text
Dr. Wolfgang Hasenberger

herausgegeben von
Richard Pils

Verlag
publication PN°1

Wien – Linz – Weitra – München

A-3970 WEITRA
02815/35594

ISBN 3 85252 056 8

printed in Austria
by

Ueberreuter Offsetdruck
Korneuburg

Unsere Erde ist mit einer Wasserfläche von 361 Millionen Quadratkilometer Ausdehnung bedeckt, das sind mehr als zwei Drittel der gesamten Oberfläche des Planeten. Wenn es auch fast unmöglich ist, sich die ungeheuren Wasserräume unterhalb der Oberfläche vorzustellen, wird doch eines klar ersichtlich: Die Meere bilden den weitaus größten Lebensraum der Welt. Nicht Menschen haben das gewaltigste je errichtete Bauwerk gebaut, sondern Abermilliarden winziger Korallenpolypen. Auf ihr Konto geht z.B. das Große Barriereriff östlich von Australien, das eine Ausdehnung von 2000 Kilometer Länge hat. Die tropischen Korallenriffe stellen die artenreichsten Biotope unserer Erde dar. Dieser Unterwasserlebensraum ist es, welcher in der heutigen Zeit rapid steigende Zahlen von Touristen anzieht.

Da uns nur wenige Flugstunden von den schönsten Tauchplätzen der Erde trennen und das vermehrte Freizeitangebot es ermöglicht, erfreut sich der Unterwassersport immer größer werdender Beliebtheit.

Nicht immer aber sind es umsichtige und gut ausgebildete Taucher, die sich in Neptuns Reich begeben. Derzeit beginnt sich immer mehr der Trend abzuzeichnen, anläßlich eines Urlaubes bei einer Tauchschule irgendwo in den Tropen eine schnelle Ausbildung am Gerät zu absolvieren. Nach kurzer Theorie geht es dann frisch und wacker hinein ins Naß. Scharenweise fallen völlig ungeübte Jungtaucher auf die äußerst sensiblen und zerbrechlichen Riffe ein. Ein Flossenschlag zerstört Korallenarbeit von vielen Jahrzehnten – und es sind viele Flossenschläge! Tauchboote reißen mit ihren Ankern ganze Korallenstöcke aus, was deren Ende nach sich zieht – und es sind viele Anker! Die Spuren der Verwüstung sind bereits nach wenigen Monaten deutlich sichtbar. Von den Urlaubsorten nahe der zerstörten Riffe ziehen sich die Besucher alsbald zurück. An anderen, unversehrten Plätzen werden neue Hotels errichtet, neue Tauchschulen bilden neue Schüler aus, neue Boote ankern vor neuen Riffen – und der Kreislauf der Zerstörung beginnt von vorne!

Noch ein paar Faktoren bedrohen aber in weit größerem Ausmaß unsere Meere, nämlich die zunehmende Verschmutzung durch Abwässer aus den Kanalsystemen der küstennahen Fremdenverkehrszentren und der Dreck von Öltankern, welche ihre Abfälle schonungslos in die Gewässer verklappen. Bei anhaltender Tendenz ist es um die Zukunft der Meere schlecht bestellt.

So ist es umso erfreulicher, daß der Autor der Bilder in diesem schönen Buch ein geübter und erfahrener Taucher ist, der seine Fotos mit äußerster Umsicht und Rücksicht auf das empfindliche Biotop, sowie mit einem speziellen Auge für die ökologischen Probleme kreiert.

Im Folgenden bekommt der Betrachter einen guten Eindruck von der Artenvielfalt in tropischen Korallenriffen, wie sie zum Glück noch überwiegend vorzufinden ist. Wir können alle nur hoffen, daß auch unsere Kinder trotz zunehmender Verwüstung dieses Lebensraumes sich an solch herrlichen Wesen, wie an den hier gezeigten, erfreuen dürfen!

Welcher Taucher träumt nicht vom schwerelosen Hinabgleiten in diese völlig andere Welt voller schöner Geheimnisse, die in ihrer bezaubernden Fremdartigkeit unsere kühnsten Vorstellungen noch bei weitem übertrifft? Als „Fisch" unter Fischen kann er mit seiner behäbigen Ausrüstung wenigstens für kurze Momente teilhaben am stetigen Kampf ums Revier und Überleben. Schon knapp unter der Wasseroberfläche begegnet er einem unbeschreiblichen Formenreichtum und einer ungeahnten Artenvielfalt. Kein Fleckchen und keine Nische des Meeresbodens bleibt ungenützt. Wo man auch hinblickt, tummelt sich das Leben ringsum. Die Korallenriffe der tropischen Meere gehören zu den vielfältigsten, buntesten und artenreichsten Biotopen unseres Planeten. Es scheint geradezu eine Laune der Natur zu sein, daß oft genau dort, wo das Land am kargsten ist, die vorgelagerten Gewässer von Leben nur so überquellen.

Besonders ins Auge fällt uns dies am Beispiel des Roten Meeres, das ja allseits von lebensfeindlicher Wüste umgeben ist; unter Wasser bietet sich dem Auge des Tauchers eine wahre Orgie von Farben und Formen. Sogar im freien Wasser vor den Küsten kreuzen oft riesige Schwärme von pelagisch lebenden Fischen.
Der Betrachter muß sich lösen von seiner herkömmlichen Weise, über die Gestalt von Tieren und Pflanzen zu denken. So gibt es Tiere, die aussehen wie ein Strauch, andere wie sonderbare Blumen; Würmer, die wie Blüten oder Bäumchen imponieren, Fische, die völlig mit dem Untergrund verschmelzen, und erst dann bemerkt werden, wenn sie blitzschnell nach Beute schnappen. Alle Arten haben sich in einer Jahrmillionen dauernden Evolution perfekt an diese, ihre Umwelt angepaßt. Wir sollten bedenken, daß wir hier unten nur Gäste sind. Nicht stören oder gar zerstören wollen wir, die Devise sollte sein: *Besuchen, nicht heimsuchen!*

Beim ersten Anblick dieser herrlich bunt gefärbten ***Weichkorallen*** meint man, daß es sich um sonderbare Pflanzen handelt.
Erst bei genauerer Betrachtung erkennt man die typischen Merkmale von Korallen an ihnen: Kolonien von Polypen, welche in der Strömung stehen und mit ihren winzigen Tentakeln das vorbeischwebende Plankton auffangen. Da die einzelnen Polypen durch ein Röhrensystem untereinander verbunden sind, bekommt jeder Teil der Kolonie immer genug Nahrung.
Nachts sind sie aktiver, obwohl man sie auch tagsüber auf beschatteten Hängen voll entfaltet antrifft.
In Ruhestellung liegen die schlaffen, fleischigen Körper am Boden und erreichen erst durch Vollpumpen mit Wasser eine gewisse feste Konsistenz.
Der Innendruck wird durch speziell abgewandelte Polypen, welche als Ventile fungieren, reguliert.

Weichkorallen bilden kein festes Skelett, wie die riffbildenden Steinkorallen, sondern lagern im Gewebe zwischen den einzelnen Polypen kleine Kalknadeln – man nennt diese Skleriten – als feste Elemente ein. Diese garantieren Schutz gegen Freßfeinde. Sie wachsen nur auf Kalk von toten Steinkorallen und leben in Konkurrenz mit diesen. Weil ihre Körper flexibel sind, verkraften sie Sedimentablagerungen und gelegentliches Trockenfallen wesentlich besser als die starren Steinkorallen – ein nicht unwesentlicher Vorteil gegenüber ihren Konkurrenten. Gerade im nördlichen Roten Meer sind weite Gebiete des Riffdaches, des Riffhanges und Vorriffs dicht mit Weichkorallen besiedelt, was bei der ständigen Verdrängung der Steinkorallen ein verzögertes Wachstum des Korallenriffs bedeutet.
Manche Kolonien erreichen eine Größe von einem Meter und darüber.
Ihr Vorkommen ist besonders häufig

im Roten Meer, wo sie zu wahrhaften Riesen anwachsen können, aber auch im Indopazifik sind sie weit verbreitet. Einige Arten, wie z. B. die Seemannshand, gedeihen sogar in den kalten Gewässern der nordischen Meere. Aufgrund des blumenartigen Aussehens ihrer mit Polypen bedeckten Verzweigungen reihen die Zoologen sie in die Klasse der Blumentiere (Anthozoa) ein.
Da der Stamm und die Äste transparent sind, kann man besonders bei Beleuchtung von hinten die Skleriten gut erkennen.
Dann offenbart sich dem Betrachter die ganze filigrane Schönheit dieser vielfarbigen Tiere.

Das Herz fast eines jeden Tauchers beginnt höher zu schlagen, wenn er im glasklaren Wasser vor einer noch unversehrten ***Steilwand*** schweben kann. Im Lichte der Scheinwerfer strahlen die Riffbewohner grellbunt. Die in große Tiefen hinunter steil abfallende Wand und das satte, sich ins Nichts auflösende Blau des Wassers üben auf den davor schwebenden Betrachter einen ganz besonderen Reiz aus. Das Wasser vor dem Riff ist bevölkert von Millionen kleiner Fahnenbarsche, welche die Wand wie einen ständig sich wiegenden, orange-rot gefärbten Schleier überziehen. In Einschnitten und Grotten schweben Tausende blitzende Leiber von Beilbauchfischen und Rotmeerfegern. Muränen recken ihre gefräßigen Mäuler aus Ritzen zwischen dem Korallengestein und warten auf Beute oder lassen sich von kleinen Garnelen lästige Parasiten entfernen. In Putzerfisch-Stationen warten alle Arten von Meerestieren geduldig, bis

sie an der Reihe sind, auf die Reinigung und lassen die kleinen Lippfischchen geduldig durch Maul und Kiemen schwimmen.
Ruhig vorbeiziehende Schwärme von Fischen, ganze Wälder von schwarzen Korallen, Gorgonien, Fächer- und Weichkorallen, Großbarsche, die scheinbar teilnahmslos unter Überhängen der Beute auflauern, hie und da ein riesiger Napoleon-Lippfisch auf Patrouille, eine Schildkröte, und gelegentlich auch einmal ein Hai lassen dem Taucher die Schönheit seines Hobbys so richtig bewußt werden.
Viel zu kurz scheint der Aufenthalt hier in der faszinierenden Tiefe, viel zu rasch sind die zwei Kubikmeter Atemluft verbraucht. Gerne würde man noch tiefer gehen, aber mitgebrachte Sicherheitstabellen und Computer an den Handgelenken mahnen zum Aufstieg. Der Zeitbonus ist schon beinahe verbraucht. Um nicht Schaden an der Gesundheit zu erleiden, muß der Tauchgang beendet werden.

Seit Beginn der Seefahrt sind immer wieder Schiffe in den Fluten der See versunken. Die Ladegüter, welche sich in den Wracks am Meeresgrund befinden, haben seit jeher die Fantasie der Menschen beflügelt. Der Traum vom Gold der spanischen Galeonen, von wertvollem antikem chinesischem Porzellan, von Kunstschätzen längst vergangener Kulturen hält so manchen Taucher in seinem Banne. Und in der Tat wird auch immer wieder von sensationellen Funden berichtet. Aber es sind nicht immer nur die Schätze aus vergangenen Zeiten, die in den Wracks verborgen schlummern. In jüngerer Zeit beschäftigen uns in zunehmendem Maße immer mehr ganz andere „Hinterlassenschaften" früherer Tage, nämlich Wracks, beladen mit Öl, Chemikalien, radioaktiven Stoffen, Munition und dergleichen mehr.

SCUBAPRO

Nach oft jahrzehntelanger Liegezeit auf Grund rosten und bersten diese ökologischen Zeitbomben und bescheren uns Umweltkatastrophen ungeahnten Ausmaßes. Eine jüngst veröffentlichte Aufstellung zeigt, daß Schiffsunfälle, bei denen Öl ins Meer fließt, mit nicht weniger als 42 % an der Zerstörung der Umwelt ursächlich beteiligt sind.

Ein anderes Schicksal widerfährt den Schiffsrümpfen, sie können ihrerseits dereinst wieder zur Belebung eines Riffs beitragen. Innerhalb weniger Jahrzehnte nämlich faßt das Leben Fuß auf den blanken Metallteilen. Würmer, Schwämme und Korallen siedeln sich an, kein auch noch so kleines Fleckchen bleibt ungenützt. So entsteht allmählich ein neues Riff, das sich aus biologischer Sicht nicht mehr von einem natürlich gewachsenen unterscheidet.

Ein Wrack ganz besonderer Art ist das der „Umbria", welches auf dem Wingate-Riff unweit des Hafens von Port Sudan in einer Tiefe um 30 Meter liegt. Sie war ein Versorgungsschiff im Abessinienkrieg und sollte Nachschub, Munition und Sold für die italienischen Truppen bringen. Die Engländer brachten das Schiff auf und forderten vom Kapitän die Übergabe. Der aber bat sich eine „Rettungsübung" aus, verließ mit seiner Besatzung mittels der Rettungsboote das Schiff, ließ die Luken öffnen und ging anschließend in Gefangenschaft.
Die „Umbria" sank mit allen Gütern in ihrem Rumpf: Bomben, Granaten, sonstiges Kriegsgerät, Motore, Kisten mit Versorgungsgütern, wahrscheinlich war der Schiffstresor (vielleicht mit Maria-Theresia-Talern) auch dabei, und sogar zwei Autos gingen mit in die Tiefe. Bei allen Tauchern, die in diese Gegend kommen, ist dieses Wrack eine sehr beliebte und gern besuchte Attraktion.

Nicht nur erfreuliche Bilder sehen wir, wenn wir die Korallenriffe der Weltmeere durchstreifen. Häufig müssen wir auch Zeichen des Verfalls bemerken.
Der Tourismus mit seiner ständig wachsenden Zahl von Gästen ist nicht unwesentlich beteiligt, wenn gerade in den schönsten Gebieten die Ökologie aus den Fugen gerät. Erst ganz allmählich und zögernd reift bei den Regierungen der betroffenen Länder das Bewußtsein um eine intakte Unterwasserwelt, die ja letztlich das Kapital dieser Regionen darstellt. Bislang ist es nicht nur im arabischen Raum üblich, die Abwässer aus Industrie und Gastgewerbe ungeklärt ins Meer zu leiten. Wenn nur die Rohre weit genug ins Wasser reichen, scheint das leidige Problem der Entsorgung aus den Augen, und somit gelöst. Aber weit gefehlt! In der näheren Umgebung solcher Einleitungen ist meist jedes Leben erloschen. Zu hoch ist die Konzentration der Gifte für die

empfindlich reagierenden Lebewesen. Im weiteren Umkreis, abhängig von vorherrschenden Strömungen, kippt das ökologische Gleichgewicht meist zugunsten einer einzigen widerstandsfähigen Algenart. Diese überzieht dann oft den gesamten Boden und alle Korallen, welche darunter alsbald ersticken. Die Fische und Krustentiere wandern ab, letztlich verbleiben nur noch ein paar Seeigel. Solche Plätze gleichen eher einer Mondlandschaft denn einem Korallenriff. Leider sind die Tauchtouristen bei dieser Art der Umweltschädigung nicht ganz schuldlos. Sie sind es ja, für die riesige Hotelanlagen und ganze Städte angelegt werden. Manche Bauherren gehen in ihrem Wahnwitz sogar soweit, die den Hotels vorgelagerten Riffe als Lieferanten billigen Baumaterials zu nutzen – ein wahrhaft kurzsichtiges Unterfangen!

Nicht nur künstliche Gewalten, wie beispielsweise Schiffskatastrophen, Dynamitfischerei und dergleichen, lassen die Korallenriffe erzittern und zu Bruche gehen. Oft sorgt die Natur aber selbst für Zerstörung, wie dies am Beispiel der hier gezeigten Korallenbruchstücke an einem Ort in sudanesischen Gewässern, weit draußen vor der Küste und fernab von den Schiffahrtsrouten, verdeutlicht wird.
An diesem Riff waren es die ungebändigten Kräfte der Stürme, welche die großen Kalkbrocken bersten ließen.
Durch Seebeben oder unterseeische Vulkanausbrüche fallen oft riesige Gebiete unserer Erde der Verwüstung anheim. Andererseits entstehen aufgrund solcher Gewalten wieder neue Lebensräume – man denke beispielsweise nur an die Hawaii-Inseln.
Schäden, die durch Naturkatastrophen entstehen, sind in der Regel begrenzt, und die Ökosysteme werden damit seit Anbeginn fertig.
Anders verhält sich die Sachlage bei chemischen und radioaktiven Noxen, welche ganze Küstenabschnitte für Jahrzehnte absterben lassen.

Mit seinen 18 Meter Länge ist der *Walhai* der größte Fisch überhaupt. Sein Lebensraum umfaßt die warmen, schwebstoffreichen Gewässer, wie den Indopazifik und das Rote Meer mit dem Arabischen Golf.
Es ist noch nicht allzulange bekannt, daß sich jährlich zu gewissen Jahreszeiten Dutzende Exemplare für kurze Zeit vor der Westküste Australiens versammeln. Dieses Treffen der Giganten hat einen guten Grund: Die Korallen laichen ab. Myriaden von Koralleneiern werden zur gleichen Zeit ins Wasser entlassen. Sie sind proteinreiche Nahrung für die Kolosse.
Das endständige, immense Maul stellt für uns Menschen keine Bedrohung dar. Dieser Riese ist ein Planktonfresser. Innerhalb einer Stunde kann er mehrere Tonnen Wasser durch seine Kiemenkörbe filtern.

Trifft man auf diesen Koloß, meint man zuerst, den Schatten eines Schiffs über sich zu haben. Wenn aber dann die Gewißheit einkehrt, daß es einer dieser sanften Giganten ist, hüpft einem vor freudiger Aufregung das Taucherherz im Leibe. Begegnungen solcher Art gehören nämlich zu den eher seltenen Ereignissen. Völlig harmlos für uns läßt er es bisweilen zu, daß sich Taucher, an seiner Rückenflosse hängend, ein Stück auf seinem Weg mitziehen lassen.
Auf seiner Reise begleiten den Walhai aber auch noch andere, nämlich Schiffshalter, die sich, manchmal in großer Zahl an seiner Haut haftend, von ihm ziehen lassen.
Es ist bei diesen seltenen Tieren noch nicht vollends geklärt, ob sie lebendgebärend sind oder, wie ihre Vetter, die Ammenhaie, Eier ablegen.

Bereits vor 350 Millionen Jahren begann die Entwicklung der ***Haie***, und seit 200 Millionen Jahren sind sie die Beherrscher der Weltmeere. Der Umstand, daß sich der Bauplan ihres Körpers in den letzten 60 Millionen Jahren kaum mehr verändert hat, beweist nur einmal mehr das perfekte Konzept. Der langgestreckte stromlinienförmige Körper kann blitzschnell wie ein Torpedo losschießen. Sein Skelett besteht nicht aus Knochensubstanz, sondern aus Knorpeln. Die Haut ist von rauhen Schuppen bedeckt, welche den selben Aufbau wie sein Gebiß haben. Man nennt sie auch „Hautzähne“. Mit seinen, in bis zu 15 Reihen stehenden, messerscharfen Zähnen besitzt der Hai ein perfektes Beißwerkzeug. Die vorderen zwei Zahnreihen stehen im Gebrauch, die Reihen dahinter bilden ein nie endendes Reservoir.
Durch manch überzeichnete Darstellung in Film und Literatur neigen wir dazu, im Hai die allesmordende

Bestie zu sehen. Man sollte aber nicht vergessen, daß diesen Räubern eine übergeordnete Rolle bei der Aufrechterhaltung der Balance im Tierreich zukommt. Mehr als 250 Arten sind uns bis heute bekannt, von denen nicht einmal 10% dem Menschen gefährlich werden können. Wir Taucher begegnen Haien mit dem gebührenden Respekt, wissend, daß sie zwar nicht harmlos, aber auch keine Killer sind.
Daß es bei ihnen nicht immer ganz friedlich und sanft abläuft, zeigen die Bisse und Schrammen, mit denen ihre silberglänzenden Körper übersät sind.

Die rechts abgebildeten ***Ammenhaie*** sind etwas plump gebaute Grundbewohner, welche nachts den Boden nach Muscheln und Krebsen durchwühlen, den Tag verdösen sie im Schutze immer derselben Höhle. Werden sie dort gestört, kommen sie nicht wieder an diese Stelle zurück.

Teufelsrochen werden sie auch genannt, diese Kolosse, welche gut zwei Tonnen wiegen und eine Flügelspannweite von sieben Meter besitzen. Der Name dieser völlig harmlosen planktonfressenden ***Manta-Rochen*** rührt offenbar von zwei seitlichen Hautlappen neben dem endständigen Maul her, die, eingerollt, mit einiger Fantasie wie „Teufelshörner" aussehen.

Mühelos gleiten, ja fliegen sie, von ihren spitz ausgezogenen Brustflossen getragen, majestätisch durch's planktonreiche Wasser. Sie sind Bewohner der Hochsee, kommen aber in regelmäßigen Abständen zu den Riffabhängen, wo sie sich von Putzerfischen reinigen lassen. Auf ihnen haften als „blinde Passagiere" fast immer Schiffshalter, welche von Abfällen und Parasiten der unfreiwilligen Wirte leben. Daß sie gelegentlich von Haien angefallen werden, erkennt man an der Bißverletzung an der hinteren linken Schwinge (Bild auf übernächster Seite).

Der mächtige ***Napoleonlippfisch*** ist ein Vertreter einer Familie, welche an die 600 Arten aufweist. Lippfische kommen in allen nur erdenklichen Farb- und Größenvariationen vor. Von vier Zentimeter bis zweieinhalb Meter reicht das Größenspektrum. Innerhalb einer Gattung sind Weibchen und Männchen unterschiedlich gefärbt, und auch Jungtiere durchlaufen in ihrer Entwicklung eine Reihe von Farbvarianten. Da Lippfische ebenfalls während der Paarungszeit die Farbe wechseln, ist es leicht einzusehen, daß bis heute noch nicht alle Tiere eindeutig zugeordnet sind. So nimmt es nicht Wunder, daß man ihre Verwandtschaft zueinander oft nur schwer erkennt.
Der Napoleon ist einer der größten in Riffnähe lebenden Fische. Sein mächtiger vorstehender Stirnwulst ist ein Zeichen dafür, daß er schon unter die Senioren zu reihen ist.

Gelassen patroulliert er entlang der Riffkante und beobachtet mit fast hühnereigroßen rollenden Augen das Wasser um sich herum. Er hat sich an die Anwesenheit der Taucher gewöhnt und ist schon zur Stelle, sobald sie ins Riff hinabgleiten.
Zutraulich wartet er auf mitgebrachte Leckerbissen, wie Eier und Brot, welche er mit vorgestülptem Maul förmlich aufsaugt.
Wie so manche Riffbewohner sind auch die Lippfische protogyne Zwitter, das heißt, daß sich die Männchen aus funktionellen Weibchen entwickeln.
Beeindruckend ist jedesmal wieder die auffällige Mäanderung seiner Haut.
Große und alte Exemplare haben oftmals unfreiwillig einen Begleiter, den ***Schiffshalter***. Er saugt sich an seinem Wirt fest und profitiert von seinen Nahrungsresten.

Mit mehr als 500 Arten sind die ***Barsche*** in unseren Meeren vertreten, davon alleine mit etwa 370 Zackenbarscharten.

Diese Raubfische leben solitär, sind mit ihrem kräftigen Körperbau zwar schnelle Schwimmer, verfolgen aber nur selten Beute über längere Strecken. Sie stehen scheinbar träge in Wracks, Höhlen und anderen Unterschlupfen herum, sind jedoch hellwach.

Ständig sind sie in ihren Revieren auf der Lauer.

Ebenso wie ihr Farbenkleid variiert auch ihre Größe. Den nur wenige Zentimeter messenden Zwergbarschen stehen die Riesenzackenbarsche mit bis zu dreieinhalb Meter und einem Gewicht von mehr als einer halben Tonne gegenüber.

Die ganz großen Arten werden gelegentlich fälschlicherweise auch „Judenfische" genannt. Die Art der echten Judenfische (Epinephelus itajara) ist jedoch nur in der Karibik und im Ostpazifik beheimatet.

Im Roten Meer sehr verbreitet ist der ***Malabar-Zackenbarsch***, welcher auf der linken Seite zu sehen ist. Ausgewachsen mißt er an die 120 Zentimeter.
Er bevorzugt das klare Wasser im Küstenbereich. Wie bei allen Zackenbarschen besteht sein Gebiß aus sehr vielen kleinen spitzen und nach hinten gerichteten Zähnen. Das erweist sich zwar beim Beutefang als großer Vorteil, das Zerkleinern großer Stücke gelingt aber nicht. So schlingt der Barsch oft große Brocken auf einmal in seinen riesigen Schlund hinein. Mit zunehmendem Alter wird er scheu. Dann verbirgt er sich tagsüber unter tiefen Überhängen und in Höhlen. Wie viele andere Zackenbarsche auch, ernährt er sich gerne von Fischen und Krebsen. Ein Leckerbissen der besonderen Art scheint der Krake für ihn zu sein.
Der gepunktete, leuchtend rot gemusterte ***Juwelenbarsch*** ist in seiner Farbenpracht unverwechselbar und bei allen Unterwasserfotografen als Motiv sehr beliebt.

Der bis 50 Zentimeter große ***Pfauenbarsch*** stellt in vielen Gebieten die häufigste Zackenbarschart dar. Als echter Korallenbewohner fühlt er sich am wohlsten im dichten Bewuchs und verbirgt sich gerne in den Ästen der Kalkgebilde. Die ersten Strahlen der Rücken-, Brust- und Bauchflossen weisen kräftige Stacheln auf.
Barsche sind allesamt ausgezeichnete Speisefische. Allerdings kann das Fleisch ausgewachsener Exemplare durch Ciguateratoxin vergiftet sein. Dabei handelt es sich um eine einzellige Algenart, welche sich mit ihrem Gift am Ende der Nahrungskette in den großen Fischen ablagert.

Wer ahnt wohl, welch heftiger Kampf bei dem einen Meter langen ***Pantherbarsch*** auf der rechten Seite seine Spuren hinterlassen hat? Grimmig blickend liegt er am Grund einer Grotte und wartet auf seine Gelegenheit, Beute zu machen.

Der im gesamten Roten Meer und Indopazifik weit verbreitete ***Baskenmützen-Zackenbarsch*** wird bis zu 40 Zentimeter lang. Er ist ein häufiger Riffbewohner, der Taucher ohne Scheu oft nahe heranläßt, um dann aber blitzschnell abzudrehen. Seine Statur ist kräftig bis schlank. Mit seiner Größe gehört er zu den kleineren Vertretern der Familie der Zackenbarsche. Charakteristisch ist der namensgebende leuchtende Fleck auf seiner Stirn.

Tagsüber schwebt der ***Großaugenbarsch*** unter Überhängen oder in Höhlen. Des Nachts zieht er in kleinen Gruppen auf Nahrungssuche nach großem Zooplankton durch das Wasser. Die auffallend großen Augen verraten ihn als nachtaktiven Fisch. Seine Rückenflosse ist durchgehend und besitzt im vorderen Abschnitt zehn Stacheln. Das Schuppenkleid variiert von leuchtend rot bis silbrig gestreift.

Korallenwächter oder ***Büschelbarsche*** nennt man diese 15 Zentimeter langen Fische. An den Spitzen der vorderen Rückenflossenstacheln befinden sich kleine Büschel, welche diesen Gesellen den Namen gegeben haben. Regungslos, als hätten sie etwas zu bewachen, verharren sie mit rollenden Augen auf exponierten Zweigen von Korallen und schnappen nach Beute. Bei der Geburt Zwitter, entwickeln sie sich bei Bedarf unwiderruflich zu Männchen.

Der ***Langnasen-Büschelbarsch*** ist mit seinen zehn Zentimeter hervorragend an seine Umgebung in einer Hornkoralle angepaßt. Hier sitzt er und schnappt nach kleinen Krebstieren aus dem Zooplankton. Bei diesem kleinen Bodenbewohner hat sich im Laufe der Evolution in dieser Familie die auftriebgebende Schwimmblase weitgehend zurückgebildet. Es ist ihm daher nicht möglich, weitere Strecken zu schwimmen.

Juwelen-Fahnenbarsche bevölkern zu Tausenden die Äste und Nischen der Korallen vor dem Riff, in denen sie bei Gefahr gleichzeitig und blitzschnell verschwinden. Die Männchen dieser Art besitzen eine fahnenartige Verlängerung ihres ersten Rückenflossenstrahls, welche letztlich auch namensgebend war. Ihr Leben beginnen diese Anthias-Barsche stets als weibliche Wesen, im Laufe des weiteren Daseins determinieren sie sich bei Bedarf zum Männchen.

Putzergarnelen umschwärmen einen prächtig rot schillernden ***Großdorn-Soldatenfisch***, der ihre Dienste wohl zu nützen weiß. Ruhig steht er da mit geöffnetem Maul und weit abgespreizten Kiemendeckeln. So läßt er sich lästige Parasiten und Speisereste entfernen.
Seinen wehrhaften Namen verdankt er starken Dornen an Flossen und Kiemendeckeln. Die großen Augen verraten es: er ist ein nächtlicher Räuber.

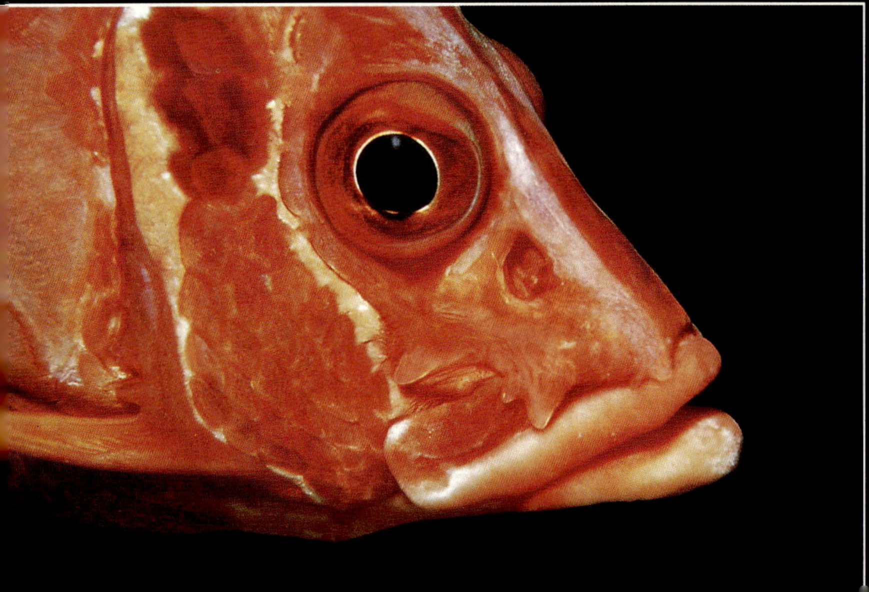

PRESSURE TESTED
uwatec swiss

Im klaren Wasser über den dem Riff vorgelagerten Sandbänken sieht sich der Taucher plötzlich umgeben von blitzenden und schillernden Schwärmen mit Tausenden von Fischleibern. Wie von unsichtbarer Hand gesteuert, bewegen sich die Einzelindividuen solcher Schulen von ***Stachelmakrelen*** koordiniert. Torpedoartig jagen sie in eine Richtung, um allesamt blitzschnell abzudrehen.

Als Jungtiere bis zu einer Größe von ca. 70 Zentimeter jagen ***Barrakudas*** im Schwarm. Erwachsen erreichen diese schnellen Räuber eine Länge bis zu 1,8 Meter und sind dann Einzelgänger. In diesem Alter können sie auch uns Menschen gefährlich werden. Mit ihren rasiermesserscharfen Zähnen reißen sie schreckliche Wunden. Die Opfer verbluten meistens nach einer Attacke. Das Fleisch großer alter Exemplare ist vielfach durch Ciguateratoxin vergiftet.

Sie sind riesig, sie sind wunderschön und wahrscheinlich bislang der Wissenschaft unbekannt. Mit Sicherheit sind es die größten Meeresschnecken, die das Auge je gesehen hat. Als wir im Mai 1990 in Begleitung unserer englischen Freunde die Gewässer im Bereich eines jener vielen namenlosen Korallenriffe im südlichen Abschnitt des Roten Meeres betauchten, hatten wir das ergreifende Erlebnis der ersten Begegnung mit diesem Monster. Es war alsbald allen Beteiligten klar, daß diese Nacktschnecke eine kleine Sensation darstellte. In keinem Lehrbuch ist sie bis jetzt beschrieben worden. Wir haben sie bisher auch an keinem anderen Riff gefunden. Auf den ersten Blick erkennt man die wahrscheinliche Verwandtschaft mit der wesentlich kleineren und intensiver gefärbten Spanischen Tänzerin (Hexabranchus sanquineus). In einem wahrhaft gigantischen Ausmaß sind die gemeinsamen Merkmale bei der neuen Art geraten. Die am Kopfende gewachsenen Fühler, auch Rhinophoren genannt, sind Chemosensoren. Sie ermöglichen die Ortung und Erkennung von Nahrung und Artgenossen. Im Verhältnis zur Körpergröße sind sie kleiner als die der Tänzerin. Die Haut am Rücken ist über und über mit vorgewölbten Feldern gemustert, welche eine geleeartige Konsistenz vermitteln. Das enorme hintere Kiemenbüschel setzt sich aus sechs Ästen zusammen, die gefiedert aufgeteilt ins Wasser ragen. Damit vergrößert sich die Austauschfläche für die Absorption des lebenswichtigen Sauerstoffs. Alles in allem mißt diese von uns neuentdeckte Nacktschnecke 50 Zentimeter in der Länge, bei einer Breite von 35 Zentimeter. Eine Ursache dafür, was die Giganten unter den Weichtieren zu so riesenhafter Größe anwachsen ließ, konnten wir nicht finden. Nach dem Ort ihrer Entdeckung nennen wir sie die ***„Djibuti-Riesen“***.

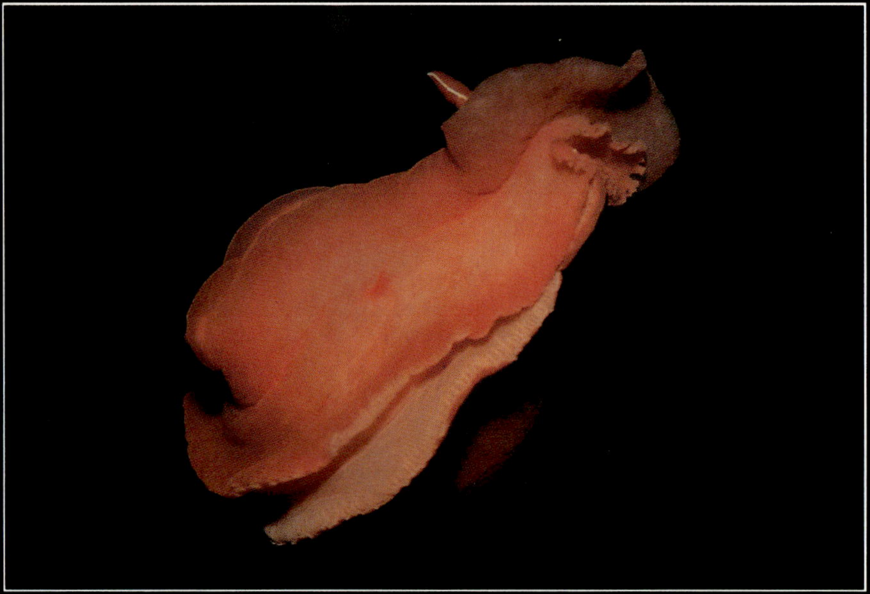

Der Name „***Spanische Tänzerin***" wird offenbar davon abgeleitet, daß diese Hinterkiemenschnecke, wenn sie mit nickend tanzenden Bewegungen im freien Wasser schwimmt, an eine spanische Schöne erinnert, die einen Flamenco darbietet. Mit ihrer kräftig roten Färbung und dem Mantelsaum, welcher ihren Körper umgibt, sowie den filigran verzweigten hinteren Kiemenbüscheln erfreut sie den Taucher besonders.

Das rosafarbene ***Gelege*** der Spanischen Tänzerin bildet einen zarten Schleier Hunderttausender spiralig angeordneter kleiner Eier, welche durch eine Schleimhülle geschützt sind. An schwer zugänglichen Stellen zwischen Korallenblöcken heftet das Muttertier diese überaus zarten Gebilde an den Untergrund. Sanft wiegen sie in der Strömung hin und her, wodurch sie mit frischem Wasser umspült werden. Diese Bänder können bei anderen Nacktschnecken in vielen verschiedenen Farbtönen vorkommen.

Die Klasse der Meeresschnecken umfaßt ungefähr 4500 Arten der Unterklasse „Hinterkiemer". Besser bekannt sind sie unter dem bezeichnenden Namen „Nacktschnecken". Er besagt, daß sie bis auf wenige Ausnahmen kein Gehäuse ausbilden. Lediglich ein verkümmertes Rudiment, verborgen unter einer Mantelfalte, ist gelegentlich noch zu finden. Der Körper ist meist stark abgeflacht. Unten befindet sich eine muskulöse Fußscheibe, sowie der rückgebildete Mantel. Vorne am Leib tragen sie zwei fühlerartige Kopftentakel, deren Form stark variieren kann. Ihre Enden tragen Sensoren für chemische Reize. Am Hinterende kreisförmig angeordnet, stehen meist sechs bis zehn gefiederte Kiemenbüschel. Zahlreiche Abweichungen von diesem Bauplan sind möglich, so können die Kiemen bei einigen Arten völlig fehlen. In diesem Fall nimmt das höckrige Tier den lebenswichtigen Sauerstoff über die Haut auf. Manche Nacktschnecken weisen noch andere Anhängsel auf, die „Cerata" genannt werden. In ihnen werden die giftigen Nesselzellen von verzehrten Seeanemonen gespeichert. Ein angreifender Freßfeind spürt alsbald die „feurige" Mahlzeit und läßt sogleich von seinem Opfer ab. Nie wieder wird er versuchen, so eine auffallend gemusterte Schnecke zu verspeisen. Es gibt auch Arten, welche über die Haut ein Sekret absondern, das zwar nicht giftig ist, aber doch eine abschreckende Wirkung erzielt. Zoologen glauben, daß das Vertrauen in solche Schutzmechanismen es ist, das die kontrastreich und bunt gefärbten Hinterkiemer ohne Gehäuse, scheinbar völlig schutzlos, auf Schwämmen und Korallen umherkriechen läßt. In der Tat nimmt nur selten ein Fisch Notiz von ihnen.

Als Nahrung bevorzugen fast alle Meeresschnecken organische Sedimente, Seegras und Aas. Die Hinterkiemer bilden dabei keine Ausnahme. Einige Arten haben sich darauf spezialisiert, Seeanemonen und Röhrenwürmer abzuweiden. Wieder andere haben auf ihrem Speiseplan gerne die Zellen von Schwämmen. Sie halten sich ihr ganzes Leben lang auf dem Schwamm auf und reiben mit ihrer Raspelzunge die Oberflächen ihrer Wirte ab. Die dadurch verursachten Schäden werden aber, Dank der großen Fähigkeit der unfreiwilligen Kostgeber zur Regenerierung, alsbald wieder vollkommen ausgeglichen.

Die Bilder auf der linken Seite zeigen deutlich das Freßverhalten einer grazilen, durch ihre Transparenz besonders anmutigen Schnecke. Die kleine Gruppe weidet auf sandigem Grund die darauf wachsenden Algen ab.

Es bedarf sicherlich keiner besonderen Erwähnung, daß diese außerordentlich prächtigen Tiere bei allen Unterwasserfotografen als Motive besonders beliebt sind.

In einer Welt, in die das Sonnenlicht, bedingt durch die Filterwirkung des Wassers, nur bis in geringe Tiefen vordringt, ist ohne Kunstlicht von der Farbenpracht der Lebewesen nach ein paar Meter nichts mehr zu sehen. So beginnt ab einer Tiefe von fünf Meter bereits das Rot zu schwinden, ab zehn Meter gibt es kein Orange mehr, und ab 25 Meter fehlt auch das Gelb. Grün hält sich bis 50 Meter, ab da herrscht nur noch blaugraues Dämmerlicht, bis in einer Tiefe von 500 Meter auch die letzten Reste des Sonnenlichtes verschwunden sind.

Der Unterwasserfotograf muß daher mit geeigneten Blitzgeräten versuchen, die Objekte zur farbigen Darstellung zu bringen.

Auf den folgenden Seiten finden wir ein paar Beispiele von der Vielfalt der Formen und Farben unter den Nacktschnecken.

Die auf der rechten Seite abgebildeten ***Flamingozungen*** gehören der Unterklasse der Vorderkiemer an. Diese stellen mit ungefähr 20000 im Meer lebenden Arten eine der zahlreicheren Populationen dar. Die Individuen bilden im Gegensatz zu den Hinterkiemern ein Gehäuse aus. Das kann bei manchen Tieren recht eindrucksvoll geformt und auch gefärbt sein. Bei Gefahr zieht sich die Schnecke in ihr Haus zurück und verschließt es mit einem Deckel, dem Operculum. Ihre prächtigen bunten Behausungen werden den Mollusken aber oftmals zum Verhängnis. In allen Fremdenverkehrsorten sieht man sie, häufig zu Kitsch verarbeitet, zum Verkauf angeboten.

Vorderkiemer sind fast alle getrenntgeschlechtlich. Damit unterscheiden sie sich wesentlich von den Nacktschnecken, welche als Zwitterwesen sowohl männliche wie auch weibliche Gonaden in ihrem Körper tragen.

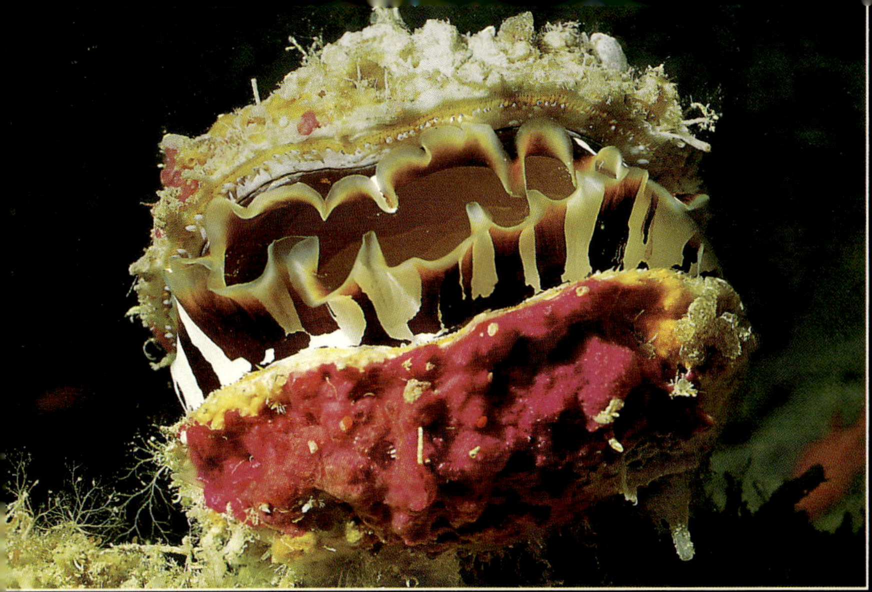

In den oberen lichtdurchfluteten Regionen der Korallenriffe wohnt die ***Riesenmuschel Tridacna***. Mit und in ihr leben Algen, welche diesem großen Tier den lebenswichtigen Sauerstoff liefern. Die Muschel ihrerseits versorgt die Einzeller mit deren Nahrung; ein Beispiel einer echten Symbiose.
Sie wird, völlig zu unrecht, auch Mördermuschel genannt. Die Schalenlänge kann bis zu 1,5 Meter messen, dann wiegt sie an die 200 Kilogramm.

In einer Felsspalte zwischen Korallen versteckt sich der ***Krake***, auch ***Oktopus*** genannt. Unrichtig und irreführend ist die Bezeichnung „Tintenfisch“, da er mit den Fischen nichts gemein hat. Verwandt ist er aber mit den Schnecken und Muscheln.
Der Körper besteht aus einem großen Sack, Mantel genannt, und dem Kopf, aus dem acht Fangarme wachsen. Diese sind mit unzähligen Saugnäpfen, die in Reihen angeordnet sind, übersät. Im Zentrum der sternförmig angeordneten Arme liegt die Mundöffnung, welche mit einem papageienschnabelartigen Beißorgan ausgestattet ist. Damit vermag er sogar die harten Panzer von Schalentieren zu knacken. Zwei hochentwickelte Linsenaugen sitzen oben am Kopf und beobachten alles ringsum. Mit aufgerecktem Haupt äugt er über den Wall hinweg, den er mit einem seiner Arme gebildet hat.
Er kann blitzschnell die Farbe und Struktur seiner Haut verändern, je nach der vorherrschenden Stimmung. Auch kann er sich der Umgebung bestens anpassen. Die Schattierungen reichen von einer noblen Blässe bis hin zum zornigen Rot. Diese Fähigkeit läßt ihn oft unsichtbar werden. Sollte alles Tarnen und Täuschen einmal nicht ausreichen, kann er mit Rückstoßantrieb kurze Strecken davonschwimmen. Dabei preßt er Wasser mit großem Druck durch den Sipho aus der Mantelhöhle. Der Oktopus ist ein sehr gelehriges Tier. Da er über kein festes Gerippe verfügt, ist es ihm möglich, durch kleinste Löcher und Spalten zu kriechen.
Ein Kopffüßer besonderer Ausstattung ist der nur 12 Zentimeter kleine Blauring-Oktopus mit seinem charakteristisch gefärbten Kleid. Bei Gefahr beißt er mit seinem spitzen Schnabel. Dabei gelangt ein meist tödliches Gift in den Körper des Angreifers. Der Tod tritt durch Atemlähmung ein. Diese Tiere sollte man nie mit bloßen Händen berühren oder auf den Körper setzen.

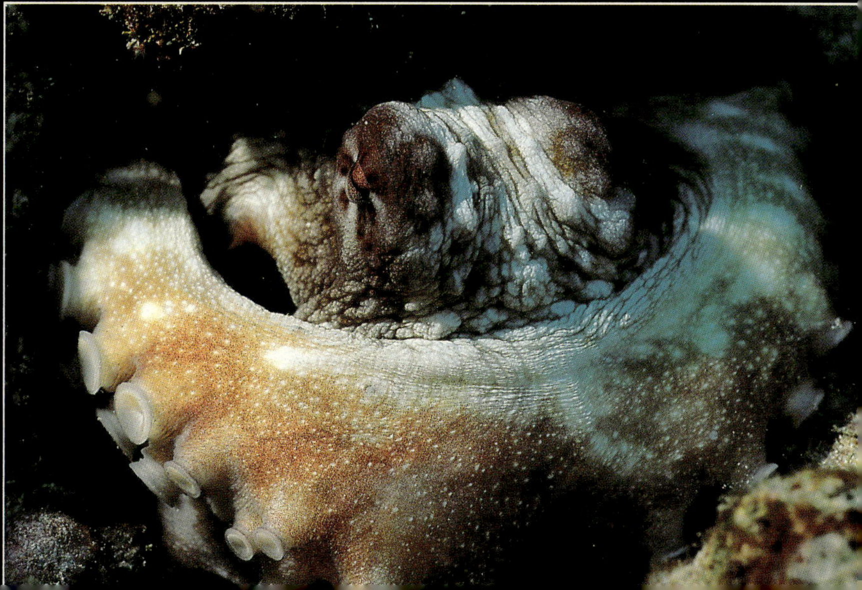

Schwämme sind Tiere mit netzartiger, kugeliger, röhrenförmiger oder baumförmiger Struktur. Sie wachsen fest auf dem Untergrund, überziehen ganze Flächen oder durchdringen poröses Gestein und lösen es auf. Abgesehen vom echten Badeschwamm gibt es noch weitere 5000 Arten in den Meeren. Sie sind sehr unterschiedlich in Form und Farbe, die meisten wachsen unsymmetrisch.
Auch unter den Porifera gibt es giftige Vertreter. Diese gehören zur Art der Feuerschwämme,welche hauptsächlich im Golf von Mexico beheimatet sind, aber auch im Roten Meer und Indopazifik findet man sie vor. Diese enthalten kleine Nadeln als Skelett, welche bei Berührung und Druck in die Haut eindringen und dort nesseln. Zusätzlich eintretende Giftstoffe verursachen starke Hautreizungen. Wie zur allgemeinen Signalisierung der Gefahr sind diese Schwämme prächtig rot gefärbt.

Der Bauplan der Schwämme ist denkbar einfach: Der Körper besteht aus einer inneren und einer äußeren Schicht, dazwischen liegt ein Gewebe, welches verschiedene Zellen und Stützsubstanzen enthält. Die Oberfläche ist von unzähligen Poren durchlöchert, innen befinden sich Hohlräume. Darin stehen Geißelzellen, deren Aufgabe es ist, Nährstoffe durch die Löcher nach innen zu strudeln. Das gefilterte Wasser wird über eine große Öffnung, das Osculum, wieder hinausbefördert.

Ein Schwamm kann mit vielen solchen kraterförmigen Ausströmöffnungen ausgestattet sein.

Beim echten Badeschwamm, wie ihn jedermann kennt, besteht das Innenskelett aus vernetzten flexiblen Sponginfasern. Bei der industriellen Verwertung wird das organische Material durch ständiges Kneten in Lauge entfernt und das verbleibende hornige Gerüst entweder chemisch oder an der Sonne gebleicht.

Der Anblick jener anmutigen, zart gefiederten und mit leuchtenden Farben prangenden Tentakelkronen dürfte nicht nur Taucher, sondern auch so manchen Schnorchler zum Schwärmen gebracht haben. In allen nur denkbaren Schattierungen sitzen sie wie kleine Christbäumchen auf Steinkorallen, oft schon im seichten Bereich. Man hat viele fantasievolle Namen für die Verursacher dieser farbenfrohen Augenweide gefunden. Im englischen Sprachgebrauch nennt man sie „Christmas tree-worms". Bei uns haben sie die prosaische und schlichte Bezeichnung: ***Spiralfiederwürmer***. Sie gehören mit Sicherheit zu den schönsten und lieblichsten Meereswürmern, welche Korallenstöcke bewohnen. Gerne siedeln sie oft in großer Zahl auf Steinkorallen. Dort bauen sie sich eine Wohnröhre, welche später vom Kalkgerüst des Wirtes vollkommen umwachsen wird. In diese ziehen sie sich bei der geringsten Störung blitzschnell zurück und verschließen sie mit einem kalkhaltigen runden Deckel. Es dauert dann lange, bis sie langsam wieder ihre zwei spiraligen Tentakelkronen herausstrecken. Nur äußerst behutsam darf man sich daher diesen scheuen Geschöpfen nähern. Die Bäumchen werden selten größer als zwei Zentimeter und haben natürlich auch eine andere Aufgabe, als unser Auge zu erfreuen. Sie stellen einen raffinierten Filter dar, der das Plankton aus dem vorbeiströmenden Wasser holt. Anschließend wird die Nahrung mittels Wimpern zur Mundöffnung gestrudelt.

Sie sehen aus wie bezaubernde zarte Blüten von exotischen Blumen. Leicht wiegen sie in der Strömung hin und her. Aber wie es sich schon so oft gezeigt hat, sind auch diese seltsamen Wesen Tiere, und zwar Würmer. Die hier gezeigten ***Röhrenwürmer*** werden auch Schrauben-Sabellen genannt. Ihre zirka zehn Zentimeter große Strahlenkrone besteht aus einer großen Zahl feiner trichterförmiger Tentakelfedern, die sich meistens spiralig nach oben verjüngen. Mit ihrer Hilfe filtert der Wurm organische Schwebstoffe und Plankton aus dem vorbeiströmenden Wasser. Die ledrig-elastische Wohnröhre ist fest mit dem Untergrund verwachsen. In sie zieht sich der Federwurm bei Störungen blitzschnell zurück, um erst nach geraumer Zeit wieder in der vorherigen Pracht zu erscheinen.

Für Unterwasserfotografen stellen diese Tiere mit ihren sehr unterschiedlichen Erscheinungsformen eine stetige Herausforderung dar.

In allen tropischen und auch in den kälteren Gewässern der Erde ist die ***Zylinderrose***, oder auch Cereant (Bild rechte Seite), beheimatet. Sie stellt eine Anemone mit wurmartig verlängertem Körper dar. Dieser steckt in einer aus Schleim und Sediment selbst gefertigten Wohnröhre, deren größter Anteil im Schlick vergraben ist. Das Kopfende ist mit langen randständigen und kurzen zentralen Tentakeln besetzt, welche sich um die Mundöffnung gruppieren. Die kurzen inneren Fangarme, welche fluoreszieren, lassen dieses ortsgebundene Blumentier leicht als solches erkennen. Mit ihren klebrigen Tentakeln fängt sie ihre vorbeidriftende Beute, Zooplankton und kleine Tiere. Bei Störungen zieht sie sich sogleich in ihre Röhre zurück. Es gibt Schneckenarten,welche sich darauf spezialisiert haben, überfallsartig die Tentakeln der Cereanten abzubeißen. Nie wird aber dabei die ganze Zylinderrose getötet.

An Höhlendecken, Steilwänden und an Stellen, die dem Licht wenig ausgesetzt sind, wachsen die ***Krusten-anemonen*** oftmals in ganzen Büscheln. Tagsüber verbergen die Polypen dieser riffbildenden Korallen ihre Tentakeln in dem schützenden Kalkskelett ihrer Kolonien. Mit Einbruch der Dunkelheit aber entfalten sie sich zu wahren Blütenteppichen, welche in bezaubernder Weise das Riff überziehen. Die Einzeltiere sind nur wenige Zentimeter groß. Mit ihrem Nesselgift schützen sie sich gut vor Fischen und Schnecken, welche als ihre Freßfeinde in Frage kommen. Gut zu sehen ist auf dem linken oberen Bild im Zentrum der gelb gepunkteten Fangarme die ovale Mundöffnung eines Polypen. Dort hinein wird die planktonische Nahrung befördert.
Durch stetiges Wachstum ihres kalkhaltigen Außenskelettes leisten sie einen nicht unerheblichen Beitrag zur Riffbildung.

Auf Grund ihrer Form könnte man die ***Gorgonien***, oder auch Hornkorallen, für Pflanzen halten. Ihre oft riesigen Fächer wachsen quer zur vorherrschenden Strömung, manchmal wie Wälder so dicht. Viele Hunderte von Ästchen sind untereinander vernetzt und bilden ein kunstvolles Geflecht. Mit solcherart konstruierten Fächern sind diese Korallen bestens dafür geschaffen, vorbeidriftendes Plankton aus dem Wasser zu filtern. Jeder einzelne Zweig ist mit einer Unzahl kleiner weißer Polypen besetzt, die tagsüber in der Rindenschicht verborgen sind. Erst nachts, wenn die nahrhaften Schwebeteilchen aus größeren Tiefen aufsteigen, entfalten die vielen Blütensternchen ihre ganze Pracht.

Besonders schöne Exemplare, wie sie umseitig zu sehen sind, wachsen im südlichen Roten Meer, wo in der Gegend vom „Tor der Tränen" ständige starke Strömungen für überreiches Nahrungsangebot sorgen.

Tagsüber liegt dieses seltsame Gebilde regungslos am Sandboden. Erst bei Anbruch der Dunkelheit zeigt die ca. 30 Zentimeter lange Seewalze, oder auch ***Seegurke*** genannt, ihre Aktivitäten. Dann kriecht das zu den Stachelhäutern zählende Tier über den Grund und schaufelt mit Tentakeln am Kopf den Schlamm in sich hinein. Was verwertbar ist, behält sie, der Rest an unverdaulichem Material wird ausgeschieden. Auf diese Weise wälzt eine Holothurie jährlich an die 100 kg Sand um. Die ledrig zähe Haut dieser Tiere ist verschieden strukturiert: manchmal mit Noppen, Warzen und Stacheln besetzt, dann wieder glatt. Einige Arten sind prächtig gefärbt. Manche Seegurken stoßen, wenn sie gereizt werden, zur Verteidigung klebrige Fäden aus.
In der fernöstlichen Küche hat sie unter dem Namen „Trepang" als Suppeneinlage Einzug gehalten.

Zwischen Korallenstücken treffen wir auf einen ***Stecknadelkopf-Seeigel*** mit seinem ledrigen Gehäuse. Die relativ kurzen Stacheln sind mit weißen Giftdrüsen ausgestattet und brechen leicht ab. So bleiben die Spitzen in der Haut stecken, nachdem das Gift injiziert ist. Diese Art der Stachelhäuter ruft auch beim Menschen schwere, ja mitunter lebensbedrohliche Krankheitsbilder hervor. Das sollte die Taucher wieder einmal warnen, nicht alles unter Wasser zu berühren.

Bei allen Seeigelarten befindet sich der Mund unten am Körper. Mittels ihrer fünf Zähne weiden sie förmlich den Bewuchs vom Untergrund ab. Die Fortbewegung erfolgt mit vielen Saugfüßchen, welche zwischen den Stacheln gewachsen sind.

Zu ihren größten Feinden gehören die Drückerfische, für die es ein leichtes ist, die Körper der stachelbewehrten Tiere zu knacken.

Es werden ungefähr 2000 Arten von *Seesternen* beschrieben. Als ein gemeinsames Merkmal besitzen diese Stachelhäuter eine zentrale Mundöffnung auf der Körperunterseite und meist 5 Arme, welche mit unzähligen Saugfüßchen besetzt sind. Wird ein Arm einmal abgetrennt, so wächst er wieder nach. Ja, es kann sogar vorkommen, daß sich neue Individuen aus einzelnen Bruchstücken bilden. Beim Beutefang kriecht der Seestern langsam über eine Muschel, und mit tausenden kleinen Saugfüßchen zieht er die Schalen langsam und unerbittlich auseinander. Die Versuche des Schalentiers, diesen Kräften entgegenzuwirken, sind vergeblich. Um nicht zu ersticken, muß die Muschel ihre schützenden Deckel ein kleinwenig öffnen, und schon ist ihr Schicksal besiegelt. Der Seestern stülpt seinen sackförmigen Magen über das besiegte Weichtier und verdaut es.

Federsterne, so nennt man diese filigranen Gebilde, tragen ihren Namen wirklich völlig zurecht.
An einem kleinen scheibenförmigen Körper sind fünf Armansätze angewachsen, welche sich aufspalten. Durch Gabelung können auf diese Weise an die 200 Fangarme gebildet werden. Unten am Leib befinden sich zahlreiche Beinchen, Cirren genannt. Damit haften die Sterne nachts gerne an strömungsexponierten Stellen, vorzugsweise an Hornkorallen. Mit den Federarmen, welche mit einem klebrigen Sekret versehen sind, fangen sie Plankton. Tagsüber schlafen sie zusammengeknäuelt und geschützt zwischen Korallenästen.
Manchmal schwimmen Federsterne mit anmutigen Ruderbewegungen ihrer Arme. Häufig sind sie prächtig gemustert oder aber auch einfärbig. Auf ihnen findet man gelegentlich millimeterkleine Krebschen, die am Planktonfang teilhaben.

Wer über ***Meeresschildkröten*** spricht, schneidet ein trauriges Thema an. Der Name „Suppenschildkröte“ deutet schon die Problematik, welche sich um diese Geschöpfe rankt, an.
Durch Jahrmillionen der Evolution haben die Reptilien den Weg in die heutige Zeit genommen, um dann vom Menschen an den Rand des Verderbens gedrängt zu werden!
Gleich auf mehrfache Weise rückt man an vielen Orten der Welt diesen bedauernswerten Tieren zu Leibe. An ganz bestimmten Küsten der Erde graben sie nachts mit den Hinterbeinen tiefe Gruben in den warmen Sand tropischer Strände, in die an die 200 Eier gelegt werden. Danach schaufeln die erschöpften Tiere die Gelege ein und streben dem Meer zu. Dabei hinterlassen sie eine gut sichtbare Spur, welche die Einheimischen geradewegs zu der begehrten Brut führt.
Überdies werden erwachsene Tiere gefangen und zur fragwürdigen Delikatesse „Schildkrötensuppe“ verarbeitet, ein anderer Teil landet in der Souvenirindustrie, wieder andere lassen ihren Panzer und damit ihr Leben für Schildpattprodukte.
Wen wundert es, wenn bei soviel Verfolgung einige Arten vom Aussterben bedroht sind ?
Ein Appell an alle, welche die Natur nicht nur als eine Rohstoffquelle verstehen: Kaufen Sie keine Erzeugnisse, für die eine Schildkröte ihr Leben lassen mußte!

Etwa 50 Zentimeter lang werden ***Langusten***, deren Körper mit einem harten Außenskelett gepanzert ist. Im Unterschied zum Hummer besitzen sie keine Scheren. Ihre einzigen Verteidigungswaffen sind die vielen Spitzen und Stacheln, mit denen sie bewehrt sind. Mittels langer antennenartiger Fühler erkunden sie das Riff ringsum. Tagsüber halten sie sich in Höhlen versteckt, um in der Nacht auf ihren Streifzügen nach Schnecken, Muscheln, Algen und Aas zu suchen. In regelmäßigen Abständen streifen sie, wie alle Krebstiere, ihren schön gezeichneten Panzer, der ja nicht mitwachsen kann, vollständig ab. Er besteht aus Chitin mit eingelagertem Kalk.
In dieser kurzen Zeitspanne der Häutung, wenn die neue Hülle noch weich ist, wächst das Tier ein Stückchen. Jetzt ist die Languste auch in größter Gefahr, ihrem schlimmsten Feind, dem Oktopus, zum Opfer zu fallen. Dieser durchbeißt mit seinem überaus kräftigen Schnabel den Panzer des Krebstieres. Sollte die Languste nicht vorher gefressen werden, dauert ihr Leben fünfzehn Jahre, und sie wird acht Kilogramm schwer.
Die Weibchen tragen hunderte Eier unter ihrem Schwanz, bis sie diese als Larven ins planktonische Dasein entlassen. Bis zu drei Monate kann die komplizierte Entwicklung in Anspruch nehmen.

Auf den folgenden Seiten sind kleine ***Garnelen*** abgebildet, die alle nur wenige Zentimeter messen. Ihre teilweise fast durchsichtigen Körper sind bestens getarnt. Alle Krebse besitzen als ein gemeinsames Merkmal zehn Beine, von denen die ersten zwei bis drei Paare Scheren tragen. Garnelen sind mit unterschiedlich langen Antennen ausgestattet.

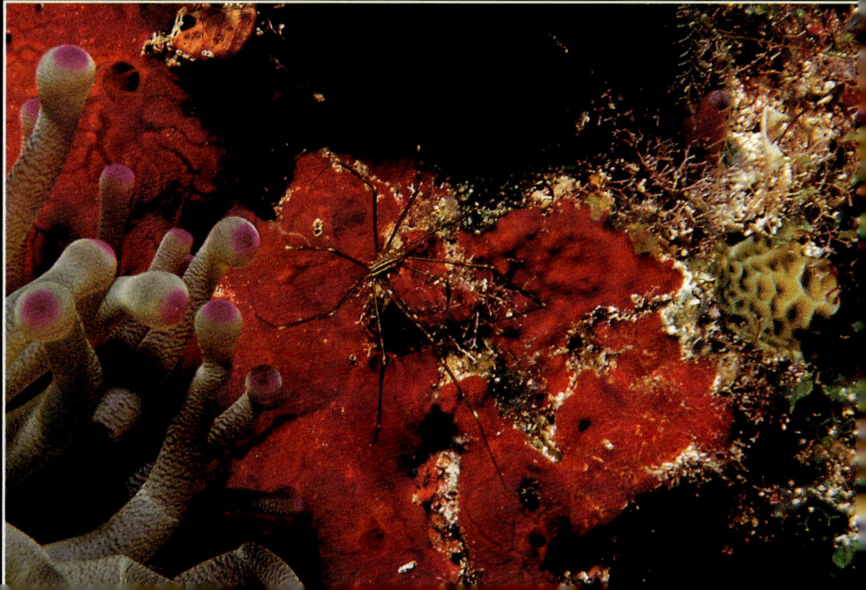

Am Tag sieht man meistens nur ihren Kopf aus einer Nische zwischen Korallen herausragen. Dort ist sie umschwärmt von Putzergarnelen, welche ihre Haut und Mundhöhle von Parasiten befreien.
Muränen sind in allen tropischen Meeren mit fast 100 Arten heimisch. Es sind nachtaktive Tiere, die ihre Höhlen und Spalten, in denen sie hausen, tagsüber nur selten verlassen. Von 20 Zentimeter bis beinahe vier Meter variiert die Länge dieser aalartigen Fische. Ihr schlangenförmig langgestreckter kräftiger Körper weist kein Schuppenkleid auf. Rücken-, Schwanz- und Afterflosse sind zu einem durchgehenden Flossensaum verwachsen. Knapp hinter dem Kopf befindet sich an jeder Seite eine Kiemenöffnung ohne Kiemendeckel. Das mit spitzen Zähnen bewehrte Maul ist ständig in Bewegung. Wenn sich das Tier in die Enge getrieben fühlt, wird es weit aufgerissen. In dieser Stellung verharrt der Fisch in seinem Unterschlupf, bis die Gefahr gebannt ist.
Entgegen anderslautenden alten Schauermärchen sind Muränen nicht angriffslustig, und ihr Biß ist nicht in der Weise giftig wie bei Schlangen. Lediglich wenn sie sich bedroht fühlen, verteidigen sie sich und schnappen dann auch nach dem Angreifer.
Gefürchtet werden Verletzungen durch ihre Zähne allerdings, weil diese einerseits tiefe ausgefranste Wunden reißen, andererseits weil sich in ihrem Maul kontaminierter Schleim befindet, der schlecht heilende Infektionen nach sich zieht.
Die Nasenlöcher münden in vorstehenden Röhrchen. Der Geruchssinn ist so gut ausgebildet, daß diese nächtlichen Räuber selbst in der Dunkelheit ihre Beute aufspüren können.

Ausgewachsene Muränen sollte man wegen der Ciguateratoxine im Fleisch nicht verzehren. Diese Vergiftung ruft beim Menschen unter anderem ein umgekehrtes Wärme-Kälteempfinden hervor. Sogar Todesfälle sind gar nicht so selten.

Mit den Haien, Stören und Chimären bilden ***Rochen*** eine eigene, entwicklungsgeschichtlich sehr alte Tierklasse, nämlich die der Knorpelfische.
Ihr Skelett ist im Gegensatz zu den 23000 Arten der Knochenfische aus einer knorpeligen Substanz, die Zähne enthalten Dentin als Baustein. Ein weiterer Unterschied zu den Knochenfischen besteht darin, daß Knorpelfische weder Schwimmblase noch Schuppen besitzen. Auch Kiemendeckel fehlen bei ihnen. Der Körper ist von winzigen widerstandsfähigen Hautzähnen bedeckt.
Mehr als 450 Arten von Rochen werden gezählt. Die Größe der Individuen variiert zwischen 40 Zentimeter und bis an die sieben Meter. Die meisten Arten leben am Boden, lediglich Mantas und Adlerrochen haben sich das freie Wasser erobert. Ihr Körper ist stark abgeplattet, Rumpf und Kopfseiten sind mit den Brustflossen verschmolzen. Das Maul, die Nasenlöcher und die Kiemen befinden sich meistens unten, Augen und Spritzlöcher oben am scheibenförmigen Leib. Das ermöglicht es ihnen, daß sie im Sandboden eingegraben atmen können.
Oftmals halten sie sich im sehr flachen warmen Wasser von Lagunen auf.
Hier sind sie von Personen, welche dort waten, leicht zu übersehen.
Tritt man auf einen Rochen, kann das schmerzhafte Folgen haben.

Alle Rochen besitzen einen mehr oder weniger langen Schweif, der bei den Stechrochen mit einem gefährlichen giftigen Stachel bewehrt ist. Der bis einen Meter große Zitterrochen vermag dem Angreifer mittels zweier elektrischer Organe Stromstöße von 250 Volt zu erteilen.

Das Maul des ***Schwarzpunkt-Rochen*** (Bild oben) birgt mehrere Reihen kleiner Zähnchen, die bisweilen zu Zahnplatten verschmolzen sind. Mit großem Beißdruck vermag er die härtesten Muscheln und Krebspanzer zu knacken.

Der ***Zitterrochen*** im Bild unten schwimmt mit Bewegungen der Schwanzflosse. Mantas und Adlerrochen schlagen mit ihren Flügeln auf und ab, sie sind dabei schnelle Schwimmer.

Der überaus schön gezeichnete ***Blaupunkt-Stachelrochen*** (Bild rechts) schwimmt knapp über dem Grund, indem er den um den Körper laufenden Flossensaum wellenförmig bewegt.

Ruhig, ja fast majestätisch schwebt der ***Rotfeuerfisch*** übers abendliche Riff. Mit weit abgespreizten Brust- und hoch aufgestellten Rückenflossen nähert er sich wie mit einem Fangnetz bedächtig einem kleinen Beutefisch. Der weicht langsam zurück, bis er sich in die Enge getrieben sieht. An der Basis der Brustflossen des Jägers befinden sich trügerische transparente Fenster, durch die das bedrängte Opfer fliehen möchte. Beim Versuch zu entkommen gerät es aber in die Nähe des Maules, das blitzartig aufgerissen wird. Durch den entstehenden Sog verschwindet der kleine Fisch innerhalb von Sekundenbruchteilen im Schlund des Angreifers.
Diese Methode des Beutefangs hat sich durch Jahrmillionen der Evolution bis zur jetzigen Perfektion heraufentwickelt.
Die ruhige Schwimmart könnte so manchen Taucher dazu verleiten, sich diesen Tieren allzusehr zu nähern. Bei Unterschreitung der Fluchtdistanz greifen sie den vermeintlichen Feind jedoch an, was dann äußerst schmerzhafte Stichverletzungen mit Schwellungen und Lähmungen nach sich ziehen kann. Todesfälle sind allerdings selten. Rotfeuerfische sind von auffälliger Form und Farbe. Beeindruckend ist auch die gebänderte Musterung, welche sich bis in die Flossenspitzen fortsetzt. Manche Arten besitzen zwischen den Augen gefiederte Fühler, die wie Hörner aussehen. Wenn die Tiere ausgewachsen sind, werden diese abgeworfen. Seitlich unter dem Maul befinden sich ebenfalls Anhängsel aus Hautlappen, was diesen Fischen ein grimmiges Aussehen verleiht. Die Brustflossen sind überlang und durch Membranen verbunden.

PRESSURE TESTED
PRESSURE TESTED

Respekt ist den Strahlen der Rückenflossen zu zollen, sie führen ein starkes Gift, das dem der Kobra ähnlich ist. Der Einsatz der Stacheln wurde bislang noch nie beim Beutefang beobachtet. Offenbar sind die unheilträchtigen Lanzen ausschließlich zur Verteidigung gedacht. Wird ein Feuerfisch in die Enge getrieben, schwimmt er mit weit abgespreizten Rückenstacheln auf den Angreifer zu und versucht ihn zu rammen.

Während der Balz sind die Männchen dunkler gefärbt. Zu dieser Zeit stehen Kämpfe mit Rivalen an der Tagesordnung, aber auch Weibchen werden von den aggressiven Milchnern attackiert. Den Tag verbringen die nachtaktiven Rotfeuerfische in Nischen im Korallenriff, um bei Anbruch der Dämmerung auf Beutefang zu schwimmen.

Blickt man in sein grimmig dreinschauendes Gesicht auf dem kantigen Kopf, das mit Barten und Hautlappen übersät ist, so begreift man schnell, warum dieser kräftig gedrungene Fisch den Namen ***Drachenkopf*** trägt. Seine andere Bezeichnung „Skorpionsfisch“ läßt manches ahnen und verheißt nichts Gutes. In der Tat ist dieser Kerl mit einer Reihe giftiger Stacheln ausgerüstet, die an den ersten Rückenflossenstrahlen und auf den Kiemendeckeln sitzen. Verletzungen verursachen anhaltend brennende Schmerzen und Schwellungen. Taucher, die unachtsam mit den Händen Halt am Riff suchen, laufen besonders leicht Gefahr, versehentlich diese außerordentlich gut getarnten Tiere zu berühren. Der Scorpena kann je nach Stimmung und Laune seine Färbung wechseln. Wird er gereizt, läuft er hochrot an und spreizt seine breiten Brustflossen.

Der Drachenkopf bevorzugt harten Untergrund, wie Felsen oder Korallenblöcke. Dort sitzt er unbeweglich und ist wegen seiner Tarnfarbe nur mit geschultem Auge auszumachen. Er lauert auf Fische, die seinem großen Maul zu nahe kommen. In Bruchteilen einer Sekunde wird die Beute durch die plötzlich aufgesperrten Kiefer eingesogen und im Stück verschlungen.

Nahe verwandt mit dem Drachenkopf ist der ***Steinfisch***, der gleich einige Superlative auf sich vereint. So ist dieser plump gebaute, bis zu 60 Zentimeter große, keulenförmige Kerl sicher der am besten getarnte Fisch überhaupt. Sein ganzer Körper ist mit Warzen und Hautfetzen bedeckt, sodaß man schon sehr genau hinschauen muß, um ihn zu erkennen. Außerdem genießt er den traurigen Ruhm, einer der gefährlichsten Meeresbewohner zu sein. Verletzungen durch seine Rückenflossenstacheln können tödlich enden.

Er ist ein sonderbarer Geselle: der stark abgeplattete Kopf mit den hervorstehenden Kulleraugen und das geschwungene Maul erinnern den Taucher beim Anblick des 80 Zentimeter langen ***Krokodilsfisches*** eher an einen Alligator als an einen Fisch. Der langgestreckte schlanke Körper mit steil aufgestellten spitzen Rückenflossen definiert dieses eigentümliche Wesen jedoch eindeutig. Er wird zu der Ordnung der Panzerwangen gerechnet, welche ihren Namen der anatomischen Besonderheit verdankt, daß zwischen Auge und Kiemendeckel eine Knochenplatte eingebettet ist. Noch eine Eigenart hat dieser Fisch zu bieten, nämlich ein netzförmiges Organ auf seinen kugeligen Augen, welches eine Art Augenlid darstellt. Das ist unter den Fischen einzigartig! Eng an den Meeresboden geschmiegt, lauert dieser Räuber bestens getarnt auf seine Beute.

Zu den Skorpionsfischen zählt man den ***Schaukelfisch***, einen weiteren sonderbaren Gesellen im Reich unter Wasser. Lediglich an die zehn Zentimeter groß wird sein hoher, seitlich stark abgeplatteter Körper. Seine bodennahe Lebensweise hat im Laufe der Evolution die Schwimmblase verkümmern lassen. Aus diesem Grund ist er ein schlechter Schwimmer geworden, der seiner Beute, kleinen Fischen und Krebsen des Riffs, mit ungeschickten Bewegungen folgt. Bei Gefahr hat dieser Zwerg eine ganz besondere List parat: er läßt sich einfach zur Seite fallen und macht sanft schaukelnde Bewegungen. Der Angreifer muß meinen, ein in der Strömung wiegendes Algenblatt vor sich zu haben, und läßt von ihm ab. Als weitere Besonderheit ist es dem Schaukelfisch eigen, seine Haut in regelmäßigen Abständen abzustreifen. Er ist damit der einzige derzeit bekannte Fisch, der ein solches Verhalten an den Tag legt.

Wenn er sich bedrängt sieht, pumpt sich der ***Igelfisch*** mit Wasser voll. Auf diese Weise ist er, kugelrund und mit spitzen Stacheln bewehrt, für Angreifer nicht mehr attraktiv. Anderseits leidet seine sonst gute Manövrierfähigkeit stark unter dieser Gestalt. So wird er häufig zum „Spielball" von Tauchern. Doch Achtung vor seinen kräftigen Gebißplatten!
Dieser einzelgängerisch lebende Stachelritter nährt sich von Krustentieren und Würmern. Leider wird er in der Souvenirindustrie aufgeblasen und getrocknet oft als Lampenschirm verwendet.

Die Körperform der ***Kofferfische*** war namensgebend für diese Tiere der Kugelfischartigen. Ein starrer, oft mit bizarr geformten Auswüchsen versehener Panzer aus sechseckigen Knochenplatten umhüllt schützend den Leib. Die Haut darüber ist schuppenlos und interessant gezeichnet. In Momenten höchster Gefahr scheidet das gestreßte Tier ein Gift, das Ostracitoxin, ab, welches auf den Angreifer tödlich wirkt. Auf dem Bild oben zeigt ein ***Gelbbrauner Kofferfisch*** seine charakteristisch wulstigen Lippen rund um das kleine Maul. Deutlich zu sehen ist auch die „Nase“.
Darunter das Portrait eines ***Dornrücken-Kofferfisches***, der erwachsen bis 15 Zentimeter lang wird. Als Einzelgänger sucht er seine Nahrung meist in Bodennähe. Mit seinen starken Zahnreihen zermalmt er mit Leichtigkeit Krabben, Muscheln und Krebse. Kofferfische sind tagaktive gewandte Schwimmer, die sich gerne in Spalten und Höhlen verbergen.

Auffallendes Merkmal von Vertretern aus der Familie der ***Kugelfische*** ist der gedrungene rundlich-plumpe Körperbau. Das endständige Maul verfügt über ein sehr kräftiges Gebiß, das sich aus einer einheitlichen Zahnplatte zusammensetzt. Damit kann er mühelos Krebstiere mit harten Panzern zerbeißen. Ihre schuppenlose Haut ist sehr dehnbar und bei den meisten der etwa 115 Arten recht unauffällig gefärbt. Auf Grund der besonderen Stellung seiner Bauch- und Rückenflossen vermag er sich am Stand zu drehen. Unter Streß pumpt er sich zu einer Kugel auf, was die Angreifer abschrecken soll.
Bekannt geworden ist der Kugelfisch durch sein Gift, das Tetrodontoxin, das wohl eines der stärksten Gifte im Tierreich ist. In der japanischen Küche bereiten speziell dazu ausgebildete Fugu-Köche den Fisch zu. Bei falscher Kochtechnik bezahlt der Restaurantgast mit seinem Leben.

Zusammen mit ihren Vettern, den Drückerfischen, bilden die ***Feilenfische*** die Gattung der Einstachler. Sie sind mit einem großen Rückenflossendorn ausgestattet, der aufgerichtet werden kann. Damit verkeilen sie sich nachts in Spalten am Riff, um zu verhindern, daß sie von der Strömung abgetrieben werden. Das kleine endständige Maul verfügt über ein sehr kräftiges Gebiß. Ihr Körper ist stark abgeflacht und manchmal auch verhältnismäßig hoch. Den großen Schwanz tragen sie meist zusammengefaltet.
Von den Drückern unterscheidet sie ihre Haut, welche mit sehr feinen und rauhen stacheligen Schuppen besetzt ist. Diese Tatsache hat ihnen auch den Namen verschafft. Eingeborene Fischer benützten sie seit jeher als „Sandpapier". Manche Arten, wie zum Beispiel der bis zu einem Meter große ***Schrift-Feilenfisch*** (rechts im Bild), können die Farbe ihres Schuppenkleides dem Untergrund anpassen.
Eine Anpassung der besonderen Art ist im Laufe der Evolution dem neun Zentimeter kleinen Schwarzsattel-Feilenfisch gelungen. Er gleicht zum Verwechseln dem Spitzkopf-Kugelfisch, dessen Giftigkeit den Raubfischen durch jahrtausendelang vererbter Erfahrung bekannt ist. Diese Entwicklung ist ein Musterbeispiel von Mimikry. Dabei wird die Gestalt oder auch das Verhalten einer anderen Art zum Zweck der Abwehr oder des Angriffs nachgeahmt.
Ein anderes Beispiel dafür liefert uns der wenige Zentimeter kleine Blaustreifen-Säbelzahnschleimfisch aus der Familie der Blenniden. Er imitiert den Echten Putzerfisch, um so in die Nähe der geduldig wartenden Tiere zu kommen. Diesen zwickt er dann kleine Stückchen aus der Haut.

Es gibt wohl kein Riff der Welt, auf dessen oberen lichtdurchfluteten Abschnitten nicht eine Vielzahl von bunten Tieren auf Nahrungssuche umherschwimmt. Einer, der dabei nie fehlt, ist der ***Papageienfisch***. Mit seinem ein wenig eigentümlichen Schwimmstil belebt er die Szene. Er rudert nämlich nur mit den kräftigen Brustflossen in einer leicht wippenden Weise über die Korallen. Seinen Schwanz benutzt er nur dann, wenn es schnell zu flüchten gilt. Sein bezeichnender Name rührt von dem Umstand her, daß seine Zähne wie ein Papageienschnabel zu Platten zusammengewachsen sind. Das gibt ihm sein unverkennbares Aussehen. Diese Platten verleihen ihm vor allem die Fähigkeit, von Korallen ganze Bruchstücke abzubeißen, denen er seine Nahrung, Polypen und Algen, entnimmt. Beim Fressen verschluckt er aber auch große Mengen von fein zermahlenem Korallenkalk. Ihn benötigt er als Verdauungshilfe. Alle paar Minuten entläßt er dieses Material als eine Wolke ins Wasser. Dadurch leistet er wahrscheinlich den größten Beitrag zur Produktion von Sand. Die sich bei dieser Freßweise rasch abnützenden Beißwerkzeuge wachsen ständig nach. Für seine kräftigen Kiefer stellt aber auch das Abbeißen eines Fingers samt Knochen kein Problem dar. Das sollte man bedenken, wenn man in Versuchung gerät, ein Exemplar mit Händen zu fangen.

Ein anderer Grund für seinen Namen ist sicher in der bunten Färbung seines Schuppenkleides zu finden. Jungtiere, Weibchen und Männchen unterscheiden sich deutlich voneinander. Alle möglichen Variationen sind bei den etwa 80 Arten zu beobachten.

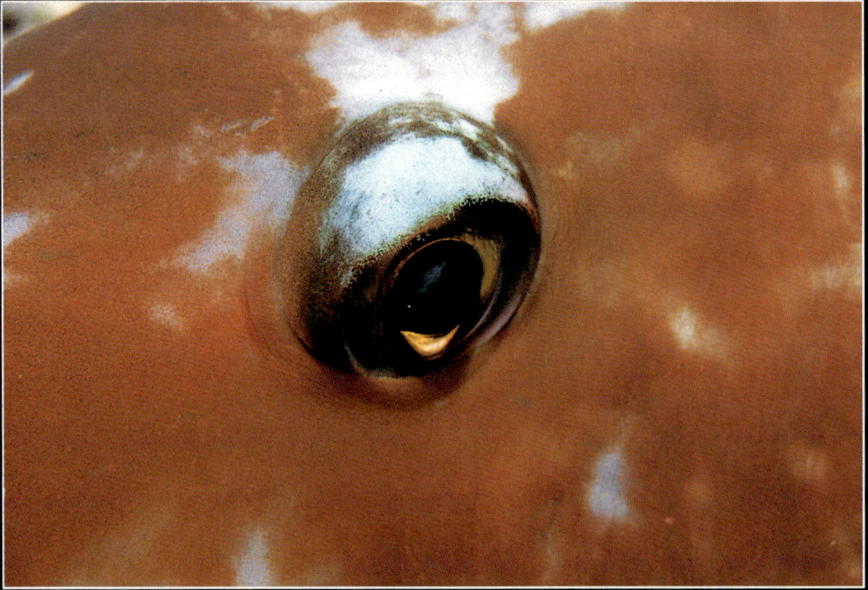

Wie so häufig in der Gemeinschaft der Riffische, ist auch er ein protogyner Zwitter, was bedeutet, daß er als Weibchen zur Welt kommt und sich erst im späteren Leben bei Bedarf zum Männchen determiniert.
Seine Schlafgewohnheiten verdienen besondere Beachtung: als tagaktiver Fisch hält er Nachtruhe. Zu diesem Zweck sucht er sich eine Spalte im Riff, klemmt sich darin mit seinen kräftigen Flossen fest und fertigt sich einen „Schlafsack" aus Schleim. Dieser verhindert, daß sein Körper von nächtlichen Räubern wahrgenommen wird. In dieser Stellung ist er für Nachttaucher ein beliebtes Motiv, insbesondere als der mit offenen Augen schlafende Papageienfisch den Besuch nicht wahrnimmt. Nur wenn er berührt wird, schwimmt er völlig schlaftrunken und desorientiert davon. Auf dem Bild rechts sind Reste der Schleimhülle im Schnabel deutlich zu erkennen.

Der ***Drückerfisch*** hat einen so charakteristischen Bau seines Körpers, daß man ihn daran gleich als solchen erkennt. Dieser an den Flanken ziemlich abgeflachte hohe Fisch sieht von der Seite betrachtet wie eine Raute aus. Die hoch liegenden, weit zurückgesetzten Augen und der konisch zulaufende Kopf sind sehr auffallend. Das mit kräftigen, etwas vorstehenden Zähnen ausgestattete kleine Maul ist dafür gebaut, Seeigel und Krustentiere zu überwältigen.

Es ist für Taucher nicht ratsam, sich während der Brutzeit dem oben gezeigten ***Riesen-Drückerfisch*** zu nähern. Unverzüglich geht nämlich dieser 75 Zentimeter große Kraftprotz zum Angriff über.

Als der farbenprächtigste Vertreter seiner Familie ist wohl der schöne ***Leoparden-Drückerfisch*** anzusehen, ein allseits beliebtes Motiv für Unterwasser-Fotografen.

Mit ihren 20 Arten ist die Familie der Ruderfische eine eher kleinere aus der Ordnung der Barschartigen. Manchmal erinnern sie an Schnapper. Der ***Blauschuppen-Ruderfisch*** wird häufig als ein solcher verkannt. Bis zu 80 Zentimeter wird der spitznasige Körper dieses „Straßenkehrers", wie diese Familie auch genannt wird. Allen Mitgliedern dieser Gattung gemeinsam ist der seitlich abgeflachte Leib mit großen Schuppen, die auf den hohen Wangen gänzlich fehlen.

Ein kräftiger 80 Zentimeter langer dunkelgrüner Körper mit breiter gelber Schwanzflosse zeichnet den ***Gelbflossen-Ruderfisch*** aus. Sein Maul ist, typisch für Ruderfische, mit vorderen großen Eckzähnen besetzt. Im vorderen Abschnitt der Rückenflosse weist er zehn harte Strahlen auf. Er ist ein scheuer Einzelgänger, der Jagd macht auf hartschalige Tiere, aber auch Fische nicht verschmäht.

Der ***Großaugen-Ruderfisch*** erreicht eine Länge von 60 Zentimeter. Er ist Vertreter einer häufigen Art aus der Familie der Ruderfische. Oftmals sieht ihn der Taucher im freien Wasser vor den Riffen in Gruppen stehen. Dort vermengt er sich mit anderen Straßenkehrern. Die Jugendform dieser im Erwachsenenstadium silber schillernden Tiere ist bräunlich mit weißen Streifen.

Tagsüber steht der prächtig rot gefärbte ***Gelbspitzen-Soldatenfisch*** in kleinen Gruppen schwebend in Höhlen und unter Überhängen. Das an seinen großen Augen als solches erkennbare nachtaktive Tier sucht im freien Wasser über dem Riff nach Nahrung. Diese besteht zum Großteil aus Zooplankton und Krebslarven. Zur Kommunikation und sicher auch zur Abwehr von Freßfeinden vermögen diese Fische Geräusche zu erzeugen.

Das Markenzeichen des ***Wimpelfisches*** ist sein stark verlängerter vierter Rückenflossenstrahl. Das zur Familie der Falterfische zählende hohe und seitlich abgeplattete Tier besitzt am Ende seines relativ kleinen Kopfes ein spitzes Maul. Damit pickt der Fisch Krebse, Würmer, Korallententakeln und sonstige kleine Teilchen vom Boden auf. Er steht oft in Schwärmen von mehreren hundert Fischen im freien Wasser vor Korallenriffen.

Seitlich stark abgeplattet und rund präsentiert sich der ***Fledermausfisch,*** auch Platax genannt, dem Taucher. Das tagaktive Tier steht oft in großen Schwärmen im Freiwasser über Riffen, um aus dem vorbeiströmenden Plankton Nahrung aufzunehmen. Neugierig blickend läßt er Betrachter, welche sich vorsichtig nähern, oft nahe an sich heran. Bis an die 50 Zentimeter im Durchmesser erreicht die Scheibe seines beeindruckend silbrig glänzenden Körpers.

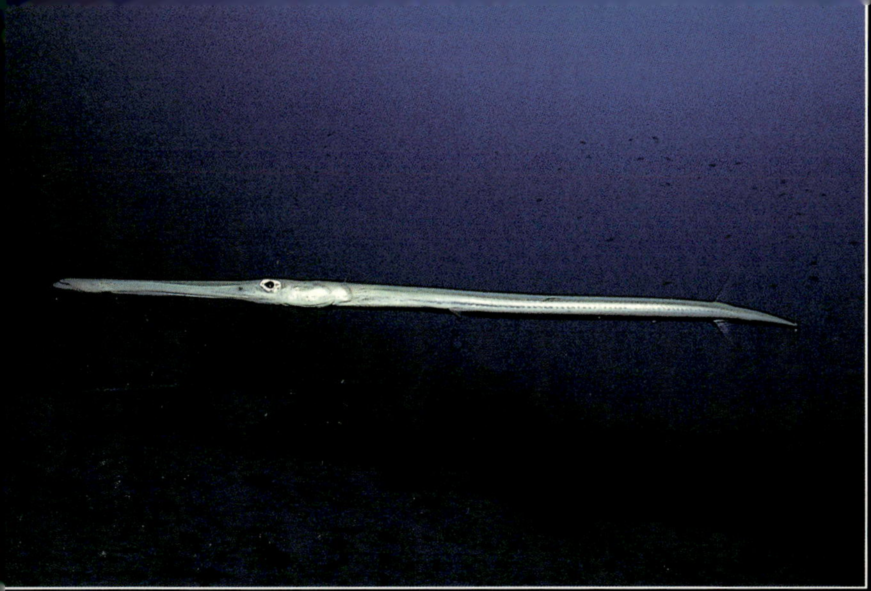

Der Körper der ***Trompetenfische*** und der ***Flötenfische*** ist extrem langgestreckt und dünn. Er läuft hinten spitz zusammen. Brust- und Rückenflossen stehen einander seitengleich gegenüber und sind sehr weit hinten gewachsen. Am Kopf befindet sich ein in die Länge gezogenes Maul, welches endständig angelegt ist. Sie schwimmen behutsam in die Nähe ihrer Beute, vornehmlich kleine Fische und Krebse, um dann blitzschnell zuzuschnappen.

Falterfische sind mit ihren flachen und hohen Leibern dem Leben im Riff zwischen Korallen bestens angepaßt. Der ***Blaumasken-Falterfisch*** ist ein sehr auffälliger Vertreter seiner großen Familie. Oft zu kleinen Gruppen versammelt, zieht er über das Riff. Auffällig ist der dunkelblaue maskenhafte Augenfleck, der sich vom sonst knallgelben und abgeplatteten Körper abhebt. Am späten Nachmittag wird der Fisch aktiv. Seine Nahrung bilden Korallenpolypen und Seeanemonen. Den Tag über steht er, oftmals zusammen mit Wimpelfischen, unter Überhängen und großen Tischkorallen.

Die Familie der ***Kaiserfische***, auch als „Engelsfische" bezeichnet, repräsentiert wahrscheinlich am besten von allen die landläufige Vorstellung vom tropischen Riffisch. Die Färbung dieser bis an die 60 Zentimeter großen Bewohner ausschließlich warmer Meere ist so markant, daß sie auch der zoologisch wenig erfahrene Taucher sogleich erkennen kann. Grellbunt und mit auffallender Zeichnung „stolzieren" sie weithin sichtbar durch die Korallengärten, aus denen sie sich nur äußerst selten in Richtung freies Wasser entfernen. Es wird immer wieder beobachtet, daß sie mit dem Bauch nach oben unter eine Höhlendecke schwimmen, was offenbar vom Bedürfnis herrührt, mit der Körperunterseite immer in enger Beziehung zum Grund zu schwimmen. Vermutlich dient die überreichliche Farbgebung der Abschreckung von Artgenossen, welche bei der Nahrungssuche konkurrieren. In der Tat sind die vorwiegend einzeln oder paarweise lebenden Tiere gegenüber Verwandten äußerst aggressiv. Das ausstülpbare Maul ist klein mit nach unten gezogenen Mundwinkeln, was ihnen ein „trotziges" Aussehen verleiht. Wie die Schmetterlings- und Wimpelfische besitzen sie spitze kleine Zähnchen, mit deren Hilfe sie Schwämme, Moostierchen und Korallenpolypen abzupfen. Eine besondere Delikatesse für sie dürften Fangarme von Seeanemonen sein.
In ihrer Entwicklung sind sie zuerst Weibchen, die sich, falls erforderlich, in Männchen verwandeln können.
Eine Rückverwandlung in weibliche Tiere ist jedoch nicht mehr möglich.

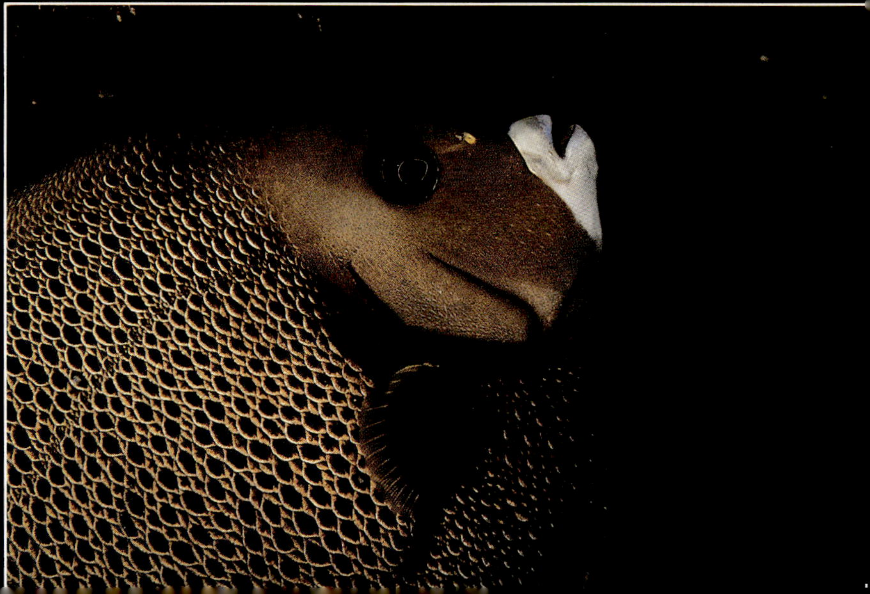

Alle Kaiserfische haben als gemeinsames Merkmal einen kräftigen, nach hinten gerichteten spitzen Stachel, der unten am Kiemendeckel angewachsen ist. Er ist bei manchen Arten auffallend gefärbt, wie die Bilder der benachbarten Seiten gut verdeutlichen. Bei diesen prächtigen Fischen unterscheidet sich das Jugendkleid völlig von dem der erwachsenen Tiere. Man kann nicht die geringste farbliche Gemeinsamkeit entdecken. Das führte dazu, daß in früheren Zeiten Jungtiere andere wissenschaftliche Namen bekamen als die Adulten. Der Körper ist seitlich abgeplattet, hoch gebaut und mit Kammschuppen bedeckt.

Auf der linken Seite sind dargestellt:
Halbmond-Kaiserfisch,
Blauer-Kaiserfisch,
Sichel-Kaiserfisch,
Grauer-Kaiserfisch

Rechte Seite: ***Königin-Engelsfisch,***
Gelber Dreipunkt-Zwergkaiserfisch.

Kaiserfische sind tagaktiv. In ihren Territorien, welche unterschiedlich groß sind, lebt ein Männchen mit mehreren Weibchen in loser Gemeinschaft. Er verteidigt seinen Harem und seinen Lebensraum heftig gegen eindringende Artgenossen. Der ***Pfauen-Kaiserfisch***, ein im Indopazifik weit verbreiteter Vertreter seiner Art, macht da keine Ausnahme. Er bewohnt gerne ruhige und geschützte Riffabschnitte.

Das Buch der Fische ist noch lange nicht abgeschlossen. Bis in die heutige Zeit werden noch immer neue Arten entdeckt. Lange schon bekannt ist hingegen der ***Imperator-Kaiserfisch***. Er wurde schon im Jahr 1787 erstmals beschrieben. Sein Körper mißt ausgewachsen bis zu 40 Zentimeter. Im Roten Meer und gesamten Indischen Ozean ist er ansässig. Auffällig an diesem herrlich gestreiften Engelsfisch ist die dunkelblaue Augenbinde.

Wenn der zehn Zentimeter kleine ***Flügelroßfisch*** über den Sandboden schwimmt,kann man sich des Eindruckes nicht erwehren, daß ein verletzter Sperling sich dahinmüht. Er ist als Bodenbewohner hervorragend an die körnige Struktur seines Lebensraumes angepaßt. Leicht kann man diesen bestens getarnten Bewohner seichterer Wasserschichten übersehen. Erst wenn er sich bewegt, heben sich seine Konturen vom Untergrund ab. Die Membranen seiner Brustflossen leuchten, wenn diese bei der Fortbewegung entfaltet werden, hellblau. Das kleine unterständige Maul wird verdeckt durch ein langgezogenes spitzes Rostrum am Vorderende des Körpers. Dieser „Schnabel" verstärkt den vogelähnlichen Eindruck des possierlichen kleinen Kerls. Der Pegasus, wie er auch genannt wird, lebt meistens paarweise am Sandboden und im Seegras. Nachtaktiv jagt er nach kleinen Krebsen.

Die buntgewürfelte Vielfalt der Arten und die Synchronizität ihres Auftretens sind sicher daran beteiligt, wenn es Taucher immer wieder hineinzieht in den eigentlich so fremden Lebensraum, der auch manche Gefahr birgt. Beim Blättern in Büchern, wo einzelne Arten ja immer geordnet zur Darstellung kommen, könnte leicht der Eindruck entstehen, daß die Begegnungen hintereinander ablaufen. Die eher zufällige Anordnung der Fotos auf der nächsten Seite und auf der Doppelseite danach möge dem Betrachter die Gleichzeitigkeit der Ereignisse vor Augen führen.
Mit einem Maul voller scharfer spitzer Zähne lauert der gut 20 Zentimeter lange ***Eidechsenfisch*** im Sand eingegraben. Der Überraschungsjäger erlegt im Blitzangriff kleine Fische.
Bis zu 16 Zentimeter lang wird die oft paarweise lebende ***Doppelstreifen-Schläfergrundel,*** die gern auf korallenbewachsenem Sandgrund zu finden ist.
Eine herrlich bunt gepunktete ***Partnergrundel*** in Symbiose mit ihrem ruhelos arbeitenden Partner, einem ***Knallkrebs***.

Der acht Zentimeter kleine ***Gelbrücken-Zwergbarsch*** bevorzugt solitär stehende Korallenblöcke auf dem Sandboden.
Im Erwachsenenstadium schwebt die nur acht Zentimeter lange interessant gefärbte ***Feuer-Schläfergrundel,*** auch Pracht-Schwertgrundel genannt, meist paarweise im Wasser über ihrem Unterschlupf. Bei Gefahr verschwindet sie blitzschnell dorthin.
Ein nur wenige Zentimeter kleiner ***Leierschwanzlippfisch*** schwimmt in der Nähe einer Schwarzen Koralle, wo er Plankton aus der Strömung fängt. Vor Freßfeinden schützt er sich durch Flucht ins Gebüsch.
Nur vier Zentimeter lang wird der schön gemusterte ***Gestreifte Dreiflosser***.
Er ist häufig in den Korallenriffen der Malediven anzutreffen. Seine Nahrung bilden benthische wirbellose Tiere.
Bei genauer Betrachtung ihrer röhrenförmigen Schnauze fällt die enge Verwandtschaft der ***Seenadel*** mit dem Seepferdchen sogleich ins Auge.
Kleine blaue ***Riffbarsche*** finden Schutz vor Angreifern im verzweigten Geäst einer Steinkoralle.

Die wohlgeformten, mit den vornehmlich bodengebundenen Schnappern eng verwandten ***Füsiliere*** besitzen einen spindelförmigen Körperbau. Dieser elegante Eindruck wird durch die gegabelte Schwanzflosse noch hervorgehoben. Der kleine Kopf mit den großen Augen trägt ein kleines endständiges Maul. Die durchgehende Rückenflosse liegt meist eng an. Die Fische sind bunt gestreift, am Tag eher mit Türkistönen, nachts ändern sie ihre Färbung ins Rot und schlafen dann in Spalten und Überhängen von Korallenstöcken. Es sind größtenteils tagaktive Tiere, die sich von Zooplankton ernähren. Diese ruhelosen Wesen sind immer in Gruppen, manchmal in riesigen Schwärmen in der Nähe von Riffen anzutreffen. Dann schießen diese ausdauernden Schwimmer pfeilschnell daher. Pausen gönnen sie sich nur, wenn sie in Putzerstationen am Riff einkehren, um sich lästige Parasiten von ihrer Haut entfernen zu lassen.

Die Familie der ***Schnapper*** umfaßt 100 Arten, deren einzelne Vertreter bis zu einem Meter groß werden können. Es sind robuste Fische mit einem seitlich abgeflachten, meist etwas gedrungenen Körper. Die Rückenflosse ist durchgehend. Bemerkenswert erscheint auch die relativ große kräftige Schwanzflosse. Das endständige Maul kann bei der Nahrungsaufnahme vorgestülpt werden und ist mit auffallend großen und spitzen Eckzähnen ausgestattet. Mit ihrer Hilfe ist es ihnen möglich, auch harte gepanzerte Krebstiere zu verspeisen. Ihre Augen erscheinen verhältnismäßig groß und blicken starr ins Wasser. Schnapper sind in allen tropischen und subtropischen Meeren beheimatet.

Die hier zu beobachtenden Schwärme von ***Gelbstreifen-Schnappern*** verdeutlichen auf beeindruckende Weise, wie große Scharen von Fischen dicht gedrängt und fast regungslos in der Strömung über den herrlichen Korallenriffen verharren.

Der ***Schwarze Schnapper***, im Bild rechts oben, wird bis zu 80 Zentimeter groß und besitzt einen kräftigen hochgebauten Körperbau mit stark abgerundetem Kopf. Sein Farbenkleid ist blaugrün silbrig, mit gelben Augen und schwarzen Brustflossen. Die Rückenflosse ist auffallend groß geraten. Die Jugendform dieses Fisches unterscheidet sich grundlegend in Farbe und Form vom erwachsenen Tier.

Der ***Gelbflossen-Schnapper*** ist,wie alle anderen seiner Vettern auch, für den Fischfang von großer Bedeutung, da die Vertreter dieser Familie ein ausgezeichnetes Fleisch besitzen. Bei großen Exemplaren, vor allem beim Roten Schnapper, ist allerdings zur Vorsicht geraten, da diese mit dem äußerst wirksamen Ciguateratoxin kontaminiert sein können.

Die ***Süßlippe*** ist bekannt für ihre leuchtenden Farben. Der Name besagt schon, daß das Maul von fleischigen Lippen umrahmt ist. Drinnen ist es aber weniger sanft, denn dieser Fisch ist mit kräftigen spitzen Zähnen ausgestattet. Damit zerbeißt das nachtaktive Tier Bodentiere, wie Muscheln, Krebse, Schnecken und Würmer. Tagsüber stehen oft große Schwärme dichtgedrängt unter Korallenstöcken. Ihr anderer Name, nämlich „Grunzer", rührt von der Fähigkeit her, Laute erzeugen zu können.

Der Anemonenfisch, Mitglied der Familie der Riffbarsche, ist leicht an seiner kontrastreichen Färbung zu erkennen. Diese hat ihm auch den bezeichnenden Namen ***Clownfisch*** eingetragen. Er lebt in enger Symbiose mit einer großen Seeanemone zwischen deren Tentakeln. Diese schützt ihn durch ihr Nesselgift vor Raubfischen, er lockt Beutetiere in ihre Nähe. Gegen die Nesselzellen ist er durch ständiges Einschleimen immun.

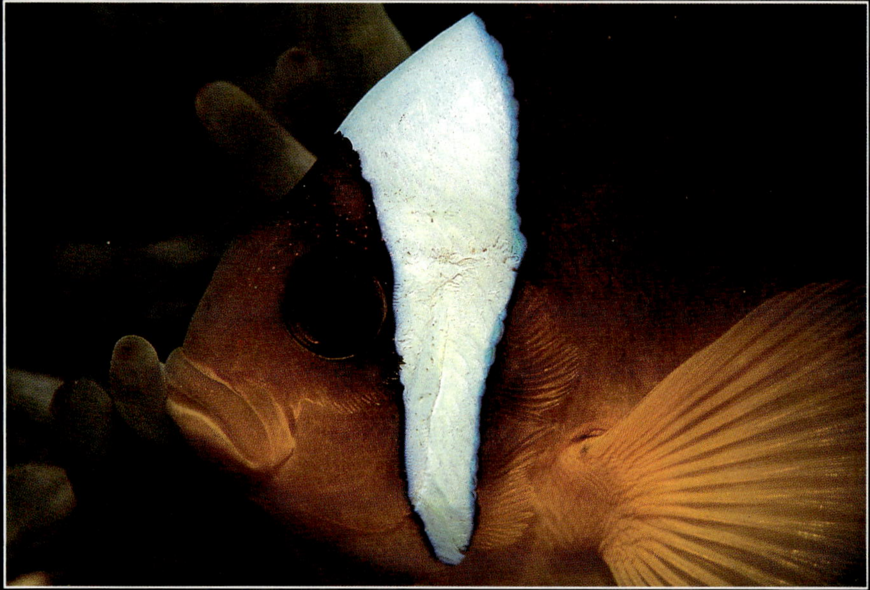

uwatec swiss

Bernhard Kittel, Jahrgang 1953, ist gelernter Fotografenmeister und heute Eigentümer und Geschäftsführer eines der größten österreichischen Fotolabors.

Seit mehr als 15 Jahren begeistert er sich für den Tauchsport und die Unterwasserfotografie. In den wenigen Augenblicken seiner Freizeit widmet er sich bei Tauchexpeditionen intensiv seinem Hobby.

Die faszinierenden Bilder, die auf unzähligen Reisen entstanden, begleiten den informativen Text dieses Buches. Bernhard Kittel will damit jedem Naturfreund die schier endlose und beeindruckende Unterwasserwelt näherbringen und auf die Wichtigkeit der Erhaltung dieses Lebensraumes hinweisen.

Dr. Wolfgang Hasenberger, Jahrgang 1950, studierte Medizin und ist heute als praktischer und Taucherarzt tätig.
Schon als Kind begleitete er seine Eltern auf Reisen und hatte so die Möglichkeit, die Unterwasserwelt des Mittelmeeres mit Maske und Schnorchel zu erfahren. Die Erlebnisse von damals weckten seine Passionen: das Tauchen mit Preßluftgerät, sowie die Unterwasserfotografie.
Heute verbringt er mit Frau und Kindern seine Urlaube fast ausschließlich am und unter Wasser. Sein Interesse gilt auch besonders der Biologie der Meere. Anhand zahlreicher Reisen ans Mittelmeer und zu tropischen Gewässern konnte er mannigfaltige Erfahrungen sammeln.

publication PN°1
Bibliothek der Provinz